公共艺术设计
原理与创意表现

程 霞◎著

U0345780

中国水利水电出版社
www.waterpub.com.cn

·北京·

内 容 提 要

本书以"公共艺术设计原理与创意表现"为选题,从公共艺术与设计的概述为出发点,主要探讨了公共艺术设计的方法及材料处理、公共空间艺术设计、公共艺术与环境设计、公共设施艺术设计以及公共艺术设计的创意与表现等内容。本书重点突出,以公共艺术设计内涵为铺垫,讲述公共艺术中的各项设计与创意;形式新颖,采用文字与图片结合的形式,结合实际案例,力求简洁、图文并茂;科学、系统、循序渐进、层层深入,是一本值得学习研究的著作。

图书在版编目(CIP)数据

公共艺术设计原理与创意表现 / 程霞著. —北京:中国水利水电出版社,2016.9(2022.9重印)

ISBN 978-7-5170-4666-0

Ⅰ.①公… Ⅱ.①程… Ⅲ.①建筑设计－环境设计 Ⅳ.①TU—856

中国版本图书馆 CIP 数据核字(2016)第 207811 号

责任编辑:杨庆川 陈 洁 封面设计:崔 蕾

书 名	公共艺术设计原理与创意表现 GONGGONG YISHU SHEJI YUANLI YU CHUANGYI BIAOXIAN
作 者	程 霞 著
出版发行	中国水利水电出版社
	(北京市海淀区玉渊潭南路 1 号 D 座 100038)
	网址:www.waterpub.com.cn
	E-mail:mchannel@263.net(万水)
	sales@mwr.gov.cn
	电话:(010)68545888(营销中心)、82562819(万水)
经 售	全国各地新华书店和相关出版物销售网点
排 版	北京厚诚则铭印刷科技有限公司
印 刷	天津光之彩印刷有限公司
规 格	170mm×240mm 16 开本 16.75 印张 217 千字
版 次	2016年9月第1版 2022年9月第2次印刷
印 数	2001-3001册
定 价	52.00 元

前　言

　　公共艺术设计是指在开放性的公共空间中进行的艺术创造与相应的环境设计。我国引入公共艺术这一概念是在 20 世纪 90 年代初，城市建设的迅速发展带来了城市雕塑、壁画的大量出现，以北京为起点掀起了席卷全国的城市雕塑热潮。1995 年之后，公共艺术开始采用"城市雕塑与公共艺术"的称谓，其概念也仅仅理解为对城市进行"美化"与"装饰"。随着与国外艺术界的深入交流，国内的院校及专业人士渐渐意识到"公共艺术"不仅代表了一种文化概念，而且还是一种文化现象。

　　本书以"公共艺术设计原理与创意表现"为选题，以公共艺术的概念及特征表述、现代公共艺术的价值分析、公共艺术设计的形式类别为出发点。在原理部分，主要探讨公共艺术设计的方法及材料处理——公共艺术设计的方法，公共艺术设计的材料处理及应用，材料的属性及公共艺术的特质；公共空间艺术设计——公共空间艺术设计的原则、要素、形态构成，公共艺术设计的空间组织；公共艺术与环境设计——广场景观设计，居住区景观设计，商业街区景观设计，公共室内置景与地景造型设计，公共装饰艺术；公共设施艺术设计——公共设施设计理念，公共交通设施设计，公共服务设施设计，公共信息设施设计；在公共设计创意与表现部分，则着重研究公共艺术设计创意思维、公共艺术设计创意方法和公共艺术设计表现。

　　全书重点突出，以公共艺术设计内涵为铺垫，讲述公共艺术中的各项设计与创意；形式新颖，采用文字与图片结合的形式，结合实际案例，力求简洁、图文并茂；科学、系统，循序渐进、层层深入。

公共艺术设计绝不仅仅是在城市公共空间简单地堆砌或陈列艺术品,其最终目的也不是那些雕塑、壁画或其他构筑体,而是引导人们如何看待自己的城市,同时对城市产生特有的情感。公共艺术的表现形式丰富多彩,它理应成为架起艺术与城市、艺术与大众、艺术与社会关系的桥梁,成为连接功能与审美以及政府与民众关系的纽带,体现当代城市人的文化追求与品位,最终成为公众自觉的审美表现形式和城市生活中不可或缺的文化载体。

本书在撰写过程中,引用并参考了关于公共艺术、空间、景观等的若干文献和研究资料,考虑到本书的学术性以及为了方便阅读,参考资料并未逐一作出注释,望相关作者和专家谅解,并在此表示诚挚的感谢。本书的撰写虽秉持着针对性、实用性和创新性的原则,但由于作者学术水平和种种客观条件的限制,还存在种种的缺陷与不足,对此希望广大读者与专家学者予以谅解,并提出自己的宝贵意见。

作　者

2016 年 4 月

目　录

第一章 公共艺术与设计

公共艺术最早产生于 20 世纪 30 年代的美国,80 年代才出现于欧洲各国及日本、韩国等亚洲国家,我国直到 90 年代才出现这一名词。但是,公共艺术作为一种艺术现象,无论是国内还是国外,已经具有几千年的历史了。本章作为开端,从公共艺术的概念及特征表述出发,探讨现代公共艺术的价值及公共艺术设计的形式类别。

第一节 公共艺术的概念及特征表述

一、公共艺术的概念

公共艺术的中文名称来自英文的 Public Art,由于它强调公众的参与,所以有时也被译为"公众艺术"。从文字组合上看,这个词语包含了公共和艺术两个概念。公共(Public)的意思是"共有的"或"市民的"。从这个意义上说,一切开放空间里能让人观赏、参与和使用的艺术品、艺术活动、艺术行为和艺术设施,都可以称为公共艺术。

关于公共艺术的具体含义,在 2005 年深圳举办的"公共艺术在中国"学术研讨会上,研究者们对公共艺术的基本概念提出了以下看法。

(1)认为公共艺术是"公共场所中的艺术",主要指放置在公共场所的艺术作品,如雕塑、绘画等。

（2）公共艺术是针对公共性问题的艺术,而公共性问题与公共权力有关。

（3）公共艺术是属于社会、公有公用的艺术,性质上不同于私人所属的艺术品。

（4）公共艺术是当代艺术与社会公众发生联系的一种思想方式,是体现民主、开放、交流、共亨的一种精神与态度。

（5）艺术家的公民意识和公民的参与性是公共艺术的本质。

（6）公共艺术是位于公共空间中的一切能唤起审美体验的事物,可包括绿地、道路、树木、花草,等等。

（7）公共艺术是一种涵盖人类一切生活状态的当代文化现象,而不是某种具体的艺术样式。

由以上可知,公共艺术离不开两个必要条件:一是公共空间,一是公众参与。鉴于此,我们可以将公共艺术的概念粗略界定如下:公共艺术是以大众需求为前提的艺术创作活动,是在政府、部门及专业人员指导下开展的大众文化运动。它包含艺术创作、公共空间和大众参与三项要素,大众参与是其中的核心要素。广义的公共艺术,指私人、机构空间之外的一切艺术创作与环境美化活动;狭义的公共艺术,指设置在公共空间中能符合大众心意的视觉艺术。

图 1-1　公共艺术

二、公共艺术的特征分析

(一)公共性

一般说来,公共艺术的公共性主要表现在以下几个方面。

1.场所开放

场所开放包含两个含义,一是公共艺术必须位于公共空间中,大家可自由观看和介入;二是公共艺术应该尽可能地表达民意,以打破精英艺术与大众隔绝的状态。比如,2004年西班牙举办的公共艺术展览,题目就是"马德里不设防"。这个展览提出一个重要观念,就是任何形式的艺术活动,只要具备公开、公共的方式,都可以被视为公共艺术,参展的作品也就不限于雕塑或壁画,而是涵盖了工程建设项目、音乐演出、迁移计划、广告设计、时装和电视节目等领域。

图1-2　墙壁上的涂鸦作品

2.民众参与

民众参与公共艺术创作活动,有利于促成公共艺术与社区生活的真正结合,也只有直接参与的方式,才能使民众有机会贡献自己的才智。否则,公共艺术就有可能成为居民生活中多余的甚至令人讨厌的事物。

3. 平民主题

在当代公共艺术创作中,强调和彰显平民主题非常重要,公共艺术要承载大众理想,使用大众话语,凝聚大众意志,表达大众诉求,不能只围着权势和金钱转。

图 1-3　公共艺术的平民主题

4. 通俗形式

通俗的形式就是明确易懂的形式。强调艺术的通俗性,并不意味着水平必然降低,通俗作品也可以充满新意与个性。例如雕塑家汤姆·奥特内斯认为,只要观众能读懂报纸上的文章,就能理解他的作品。

图 1-4　奥特内斯雕塑作品

(二)场域性

场域的核心价值也不在于实体的存在,而在于它能激发社会生活的活力,这主要体现在以下几个方面。

1.场域为人而设

场域是一个文化概念,为人而存在。当艺术创作不再以孤立的形式出现,而是通过融入环境形成作品与人的新关系,艺术的意义才能因观赏者的介入而呈现。离开接受者就没有艺术,不同人群的介入,使公共空间中充溢着不同的心智结构,艺术因此变化莫测,场域因此生动活泼。

2.心灵空间的存在

现实空间形态可分为占有和未占有两类,占有空间是指物质实体的存在,比如建筑物或堆积物。但在另一种情况下,占有空间并不通过实体方式表现出来,比如互联网,就被称为虚拟空间。网络上的社群、聊天室和论坛,都是无形的公共场域。在这个意义上,人的心理存在和精神活动是构成空间的主要因素,也是公共艺术的主要因素。

3.综合多元思想

公共艺术可包括经济活动、习俗仪式、休闲娱乐等内容。大众参与这些活动对环境产生认同和依赖,即为公共精神的由来。不同的公共场所和区域,通常会凝聚比较固定的人群,并由此形成比较固定的文化氛围。当然,任何集体或人群,其成员的思想感情和情趣爱好都是各不相同的,因此公共精神必然关联多方位的心理活动,并非统一意志的体现。

4.连接共同生活

任何媒介的作品,包括摄影、书籍、墙壁、镜子或雕塑,都可以在公共空间中产生意义，公共生活使各种艺术媒介活跃起来，由此带来有趣味的生活。

（三）制度性

公共艺术与历史上的文人创作不同，它直接产生于制度；如果没有可靠的制度保障，出现混乱就难以避免。因此，公共艺术的制度建设，就是要建设一个有关资金来源、作品遴选、方案评审、实施操作的科学管理程序，这个制度的基础是民主，有利于保证大众权力的实施，防止少数精英（通常是官员和艺术家）的专制和独断。

根据发达国家经验，发展公共艺术需要两个前提：一个是建立比较完备的公共艺术管理制度，另一个是市民社会的相对成熟。就我国现有条件而言，还不能完全实现这样两个前提。

我国现行艺术管理制度仍不完善，许多公共艺术不能遵循合理的程序进行；一些艺术家长期养成的自闭性创作习惯，也使公共艺术与大众拉开距离。在管理者、投资人、创作者都还缺乏公共意识的情况下，推进公共艺术活动的难度是很大的。

第二节　现代公共艺术的价值分析

公共艺术从产生时期就与城市结缘，成为城市生活不可或缺的要素。从设计史角度看，城市公共艺术的最早发端应追溯到古希腊雅典城所出现的阳光广场。那时，大型广场和公共建筑的出现就使得艺术有了开放性、民主性和参与性的特征。

而我国上古时期的秦兵马俑的巨大阵势以及汉代石刻陵墓艺术都是最具艺术感染力的公共艺术巨作。

现代意义的城市公共艺术诞生在二战之后，伴随着美国对城市的重新规划与治理，一些艺术家开始把艺术创作的场地从美术馆挪到了城市的公共空间中，以雕塑为主要代表的室外艺术大量出现，"公共艺术"一词也应运而生。

一、公共艺术的永恒性价值

西方发达工业国家凭借其强劲的经济实力和科学合理的管理政策，使公共艺术的发展步入规模化、有序化的发展轨道，经过几十年的积累已具有累累硕果，值得借鉴。将城市公共艺术的意义同永恒性相联系，说明城市公共艺术贯穿于人类的整个生命历程，是一个动态意义的生成过程，这一过程在艺术领域尤其显著。

城市公共艺术是艺术家通过创作来传达自我生命意义的过程，同时也是对于社会存在意义的一种表现。正是由于艺术家不断地创作，意义也在不断地生成。因此，我们可以将城市公共艺术理解为人类生存方式的体现，其真谛在于艺术本身给予人的不仅是视觉上的瞬间感受，而且是契入灵魂深处的生命意义的体验。成功的城市公共艺术应该是永恒的而非暂时性的，它既成为城市的重要记忆又是城市机理的特殊组成。

二、公共艺术的意义表达

对于公共艺术而言，其所铸就的文化、公共精神和所陶冶的艺术灵魂都不仅仅属于艺术家个体，也并不代表和彰显其个人，而是在于各种公共艺术的符号性所带给公众的意义，构筑着一种精神生命的屏障。创作者与公众交流的过程也就是通过公共艺术实施后意义实现的过程，是符号意义生成的过程，这种意义会根据场所的变迁不断地变化、延伸、衍生，进而还会生发出新的意义。

因此，公共艺术意义的生成可看作是生命不断提升和超越的历程。公共艺术存在的意义正是通过与公众最亲近的艺术形式、最现实的生存方式来表达人们的理想境界，所以才能够穿透灵魂、深入本源。

三、公共艺术的价值生成

如何在公共艺术的设计中使创作者与公众达成参与性意义的共识,关键就在于城市公共艺术家的设计关系到公共艺术生命力的展现及其存在的价值。

公共艺术不仅仅追求艺术形式和视觉效果,它还关系着场所意识、艺术家的文化底蕴以及对地域文化特质的正确认识与理解、对公众的理解和挖掘,等等。美国著名城市学家伊里尔·沙里宁曾经说过:"让我看看你的城市,我就能说出这个城市的居民在文化上追求的是什么。"由此可知,我们看看城市的公共艺术,即可知道设计家的兴趣、追求和使命是什么,即可明晓这个城市公众的思想、生活和文化追求点在哪里,这也关系着一个城市公共艺术的意义是否真正能够生成。

很多具有历史记忆的作品也会使人们在历史行程中、在文化积淀中回味反省和深思人类自己。在一些欧洲城市,往往从一座座街头雕像就能读出某个国家的内涵,就可以领略到西方不同国家与不同民族的文化和历史。

第三节 公共艺术设计的形式类别

一、生态类公共艺术

生态公共艺术指利用与自然环境不冲突的媒材,在融入自然环境中创造具有公共意义的形象。生态类公共艺术涵盖范围广阔,涉及人与自然的关系、时间和空间,包括了前卫艺术、地景艺术、规划艺术、景观艺术、植栽艺术、庭院艺术、插花艺术,等等。

生态公共艺术一般可分为两大类型:一类是位于自然环境中

的人工作品;另一类是位于人工环境中的自然作品。前者包括所有处于自然环境中的艺术品(纪念性宗教崇拜物和人像雕塑最为多见),也包括作为主题和媒材的土地本身;后者指都市中设置水景、植栽、清污等艺术活动。

图 1-5　生态公共艺术

二、社区公共艺术

社区是公共艺术最重要的场所,因为艺术"以人为本"理想的终端正是社区。在社区生活中,个体行为与集体利益相关,社区公共艺术因此成为个人生活的一部分,发展社区公共艺术的使命之一,就是开展公共空间中的对话活动,让社区充满人文精神和共同情感。

图 1-6　社区公共艺术

三、设施类公共艺术

设施类公共艺术,是指那些针对某一特定用途提供服务、空间和设备的公共艺术作品,它们是城市环境的重要组成部分,在为居民提供生活的便利和舒适方面有着巨大作用。最常见的设施类公共艺术包括路标、书报亭、垃圾桶、自行车停放架、护栏、邮筒、自动贩卖机、公共健身器材等。

图 1-7 设施类公共艺术

四、交通类公共艺术

交通公共艺术是与设置地点密切相连的艺术,这样的艺术被称为"定点艺术"。乘坐公交车和地铁的人不分年龄、性别、职业、收入或阶层。城市公共交通是城市中最大众化的场所之一,这里的公共艺术能影响市民日常生活和审美趣味,长期的运营过程会将不同时代的美学传统、时尚风潮和文化品位保留在公共交通空间中,积累出独特的历史美感。

同时因为技术原因,交通设施(如售票口、检票口、站台、候车亭)必然多有雷同之处,标准化的引导指示牌也不能随意更改。所以,公共艺术在活跃交通文化方面有重要价值,这正是各国无不重视交通公共艺术的原因,尤其是所在特定区域的历史文化价值,更是非公共艺术不能表达。

图 1-8　北京站

五、校园类公共艺术

学校是肩负重大责任的机构,校园空间是师生共同学习和生活的场所。尤其是小学生,处于视听感官经验尚未成熟的身心发展时期,校园公共艺术可以让孩子们获得更多的触觉和视觉经验。所以,各学校除了在课堂上开展艺术教育之外,也应该重视校园建筑、教室布置、生活环境的审美作用。

图 1-9　校园公共艺术

第四节 分类与特征:公共艺术空间环境解读

公共艺术空间环境是指公共艺术创作与实施的客观外部环境,即地域自然环境与地域社会环境。公共艺术应当反映作品所在地的地域自然环境与社会环境特征,其创作实施必然受作品所在地的自然环境与社会环境的影响,并由此而综合形成公共艺术的地域个性。

一、地域自然环境

地域自然环境包括地理区位与地理环境,是公共艺术外部因素中的基础因素,是公共艺术产生和发展的自然基础。中国自古讲究"天人合一",这种"人与自然和谐共处"的追求影响着古代庙宇、宫殿、塔楼、园林等公共建筑的设计,在方位铺陈、空间配置、开与闭、虚与实的权衡上,均力求与天地自然环境交互融合,达到"人天圆融"的境界。地域自然环境是在很长的时间内逐渐形成的相对稳定的因素,长远并间接地作用于地域社会环境的形成过程。公共艺术创作的内容应反映地域自然风貌,创作所选材料,所用形式,运输、安装、维修方法等均要考虑地域气候与地域产材。城市是一个人造的自然环境,属于大自然的一部分,无法脱离整体生态系统而独立存在,因此在城市中进行公共艺术创作与实施,应按照自然美的规律再造自然,倘若背弃自然的原则,就会

---

① 公共空间是城市空间的重要组成部分,按照安切雷斯·施耐德等人的理论,公共空间可再细分为:①物理的公共空间。②社会的公共空间。③象征性的公共空间。第一种关注的是它的材料的存在;第二种关注的是在空间内部规范和社会的关系;第三种关注的是对某件往事的纪念或想要形成的某种氛围。不管是客观的,还是主观的,每一个公共空间都可以通过这些定义中的一个或多个含义来加以确定。应当指出的是,虽然我们可以把公共空间划分为以上三种类型,但是每一个公共空间实际上包含了这些类型中的一种或多种。

破坏自然环境的原生形态,必将遭到自然的惩罚。

（一）地理区位

地理区位是公共艺术空间环境因素中一个不可变的因素,但在不同的时代,其作用会发生变化。地理区位是同地理位置有联系又有差别的概念。区位一词除解释为空间内的位置以外,还有布置和为特定目的而联系的地区两重意义。所以,区位的概念除了位置以外,与区域是密切相关的,并含有被设计的内涵。

区位中的点、线、面要素,具有地理坐标上的确定位置。例如河川汇流点和居民点,海岸线和交通线,流域和城市吸引范围等。一个区域,是由点、线、面等区位要素结合而成的地理实体的组合。

（二）地理环境

地理环境是社会历史存在与发展的决定性因素之一,也是公共艺术产生与发展的必要条件,任何公共艺术都在一定的地理环境中存在并受其制约与影响。作为具有创造性思维的人,不可避免地会受到所在国家、社会、民族的地理环境的影响。

实际上,纯粹抽象的城市公共空间并不存在,每一个城市公共空间最终都要与不同的社会活动结合,产生不同的场所,即公共场所。每一个场所又形成了不同的场所精神。场所与它所处的地理位置、社会职能、场所职能密不可分,大致有五种:政治性场所,文化公共场所,商业公共场所,一般性公共场所和娱乐休闲性公共场所。这些场所的性质、职能决定了公共空间的性质和职能,也决定了场所精神。但是从整体上说,影响场所精神形成差异的还有这些场所所在城市的大公共空间的历史、文化以及现代性社会意识。

二、地域社会环境

（一）经济规律

公共艺术属于物质社会的一部分,如果没有经济的投入,公共艺术的创作与实施不可能进行。经济繁荣、社会进步是公共艺术发生的物质基础。现代公共艺术活动是社会活动的一部分,担负着具体的社会实用功能。因此,公共艺术的产生、发展与传播必须服从经济规律。社会经济形态不同,所形成的公共艺术作品的内容与形式也不同。

(二)科学技术

社会物质文化的产生、形成与发展,每一步都离不开物质技术手段在生产、生活中的应用。人类开发利用自然资源的技术水平与观念是地域自然环境变迁的主要原因之一,由此引起地域社会环境其他因素,如政治、经济等的变动,对文化艺术意识及状态产生影响。而公共艺术从设计到实施必须考虑工程技术的实施可行性,公共艺术制作、运输、安装、维修等具体实施的每个环节,必定与其相关的技术发生关系。中国当代最具代表性的四座公共性建筑——鸟巢、水立方、国家大剧院(图 1-10)、央视新大楼的诞生,无不与现代高科技息息相关。

图 1-10　国家大剧院

(三)政治制度

经济繁荣与民主政治是公共艺术的两大外部因素,地域政权形式、职能行使方式及其他地域相互的作用,直接影响地域文化艺术状态的完成。政府文化投入政策的制定、政府文化意识趋向等对公共艺术的立项与定位有着重要作用,有时甚至是决定性的。

(四)思想意识

文化艺术的创造者是人,思想意识与文化艺术在地域社会环境诸因素中是最为相关的两个概念。地域、政治、经济、科技、宗教等社会环境诸因素的变动势必引起地域思想意识的变化更新,从而影响地域文化艺术发展,公共艺术因其大众性而与地域思想意识的关系更为密切。

(五)民族宗教

历史上,民族的迁移、民族的往来往往带来宗教的传播与文化艺术的交流,形成地域文化艺术新形态,宗教建筑则因氛围营造的功能需要成为实用艺术的载体。而公共艺术作品在表现地域文化个性时,地域民族宗教特色及其渊源是其中重要的表现内容。

(六)民俗传统

每一个地区都有自己传承下来的民俗传统。民俗传统是经历长期的历史演变而成,综合地体现了地域大众的发展状况。作为一种以大众性为其显著特征的实用艺术,地域公共艺术应反映地域民俗传统,使其更具地域特色,更易被地域民众广为理解与接受。

第二章 公共艺术设计的方法及材料处理

艺术设计是一个高雅的艺术,需要设计者掌握多方面的知识,借鉴多方面的经验。艺术设计呈现给观众的是心灵上的震撼,那么公共艺术的设计也同样要呈现给大家美的感受,基于此,艺术设计师们更要掌握多种知识。本章在此重点论述公共艺术的设计方法;公共艺术设计的材料处理及应用和材料的属性及情感表达三个方面,通过这三个方面的论述,给广大设计学习者提供一种更清晰的设计思路。

第一节 公共艺术设计的方法

公共空间艺术设计不仅是思维性的活动,同时也是一种艺术创造的过程,是一门具有很强实践性的专业。公共空间的形态是多种多样的,具有不同的性质与用途,它们受到空间形态等各个方面的因素制约,不是一个主观臆想出来的事物。设计师在拿到项目之后,要在前期去搜集资料、掌握项目背景资料等。在创作过程中,也要对具体的创作方法加以灵活的运用。从设计的实用角度来看,对公共空间的设计方法要从以下几个方面加以讨论(图 2-1)。

图 2-1 设计体现实用功能

一、空间设计法

(一)设计定位

设计定位是拿到设计项目之后首先要考虑的问题,设计师只有在明确了设计项目所具备的使用意图与标准之后,才能够对设计的项目做出比较合理的、符合实际的且又具有人性化的设计作品。一个好的设计作品,一定会有一个好的功能定位,同时还是和风格定位以及标准定位相结合的完美呈现。

1.功能定位

所谓的功能定位就是要设计师紧紧地围绕"用"字来下功夫,即用怎样的设计形式来满足人们对作品的需求。在对公共空间进行设计时,功能定位是设计的第一位要素,如这个空间是一个文教性质的空间还是办公性质的空间,是一个休闲性质的空间还是娱乐性质的空间等,都要有一个比较详细的功能需求分析,为之后的艺术设计作好铺垫,并为我们不同空间氛围的塑造提供设计依据(图 2-2)。

图 2-2　公共厕所的功能定位与艺术结合

2.风格定位

在确定了艺术设计作品的功能定位之后,设计师就要对作品的风格进行定位。设计的公共空间内部装饰或布局等要以何种形式出现,都要充分考虑其功能取向、受众特点以及甲方的意见。只有确定了空间的风格后,才可以对空间的造型语言加以设计与构思,对所有的元素加以提炼和总结,创造出与其性质相符的装饰效果与艺术氛围(图 2-3)。

图 2-3　LOFT 风格的餐厅设计

3.标准定位

标准定位涉及工程的造价总投入与装饰的档次。这个定位首先要充分考虑到空间的受众群体层次的高低,其次还要充分考虑公共空间内部的装饰档次,包括色调、材料的品种、设施设备、空间氛围等,同时还要完全考虑到装饰的成本多少等。现代社会,能源被大量耗费,人类在倡导绿色环保的同时,还在不计成本、无限量地对资源进行开发,由此可知,投入大量的社会资源是一种错误的途径(图 2-4)。

图 2-4　投入较少的艺术设计

(二)设计的思维类型

1.虚空间

所谓虚空间简单来说,即二维里的伪三维,实际上是受众心理上的空间反映。

中国的艺术对虚空间的处理自有独到之处,古代文人在追求艺术作品之美时,常欣赏"清空"二字。所谓"清",表现为不染尘埃,洁净如镜;所谓"空",表现为不着色相,空虚若无。中国画家喜欢在画中留白,以有形之"空"表现无形之"空"。"若所谓无形者,形之希微者也。"八大山人在一张纸上只简单数笔,便成一尾极其生动的鱼,别无所有,然而使人觉得满纸江湖,烟波无尽;齐白石画虾,李可染画牛都不画水,却自有水的意味。在大片的空白中,空灵之气在虚则为实。

在现代平面设计中,设计师同样关注对三维乃至四维空间的研究和表现,设计中的时空化与科技化为我们展现出丰富的空间符号。平面设计图像的叠加、透视、错位、渐变等仿佛将我们带到立体思维的大空间。

2.实空间

众所周知,各种艺术设计类型,比如服装设计、产品设计、包装设计、建筑设计、室内设计、环境设计、公共艺术设计、景观设计等，都和人类的生存空间有必然的关系，可以把它们的共同基础看作是对空间的设计，而这些对空间的设计在本质上是实际存在的空间，所以在这里，我们将其称之为实空间。

显然，艺术设计创造性思维不可避免地与空间有着天然的联系，大多数艺术设计作品虽然在设计方案阶段常用平面方式进行表达，但其设计的实现则无法回避对空间的关注。对于实空间的设计要运用立体的思维去看待和理解设计对象，特别是在设计方案阶段，设计稿要合乎逻辑性、科学性和可行性，否则就只是空中楼阁。

值得注意的是，在这类艺术设计的想象和把握上，很大程度上并不取决于观者的表面感受，而是取决于思维的推理。设计师要把设计对象想象成透明体，要把被设计物体自身的前与后、外与里的结构表达出来。

在形象的典型细节表现方面，所要表现的是对象的结构关系，要说明形体是什么构成形态，它的局部或部件是通过什么方式组合成一个整体的。结构是客观存在的，不仅要靠我们眼睛的观察能力，更重要的是大脑的思考理解能力。它除了表现看得见的外观物象，还要表现看不见的内在连贯的结构以及看不见的外部轮廓，这里就需要设计师有良好的空间推理能力和创造能力。

当然，一个被设计的物体的正面即使相同，它的背面也会有诸多变化的可能性，或是外部形象相同，但是内部有的结构设计却是大相径庭的。

3.虚实空间

在进行商业空间和公共空间设计时，设计师们常常会利用色彩、灯光、肌理和平面背景来进行虚空间的分割，或者营造某种特殊的心理空间，使之比实际上的空间来得更宽敞、更私密、更突出。

二、模块化组合设计法

模块化设计,其实就是把产品的一些要素进行组合,形成具有一定功能的子系统,同时还把这个子系统作为通用性的模块和其他的产品要素之间加以组合,构成一个新的系统,由此而产生具有多种不同的功能或是具有相同的功能、不同的性能的一系列产品。我们认为,模块化设计是当今社会绿色设计的重要方法之一,它在当前已从理念发展成了比较成熟的设计方法。当前,把绿色设计的思想和模块化设计的方法进行有效的结合,能够同时满足产品的功能属性与环境属性。一方面这样能够较大限度地缩短产品的研发和制造周期,增加产品的系列,提高产品的品质;另一方面,能够极大地减少甚至消除设计作品对环境造成的不利影响,有利于重用、升级、维修以及产品在废弃之后进行拆卸、回收与处理。

产品模块化的优点之一是极大地支持了用户进行产品的自行设计。产品模块有独立功能以及输入、输出的部件。这里所说的部件通常包含有分部件、组合件以及零件等多种类型。模块化设计是把具有一定功能、不同性能不同规格的产品加以组合。

系列产品中的模块是一种通用件,在如今,模块化和系列化已经是装备产品的趋势。模块是模块化设计和制造的功能单元,有三方面的特征。

(1)相对独立性。设计时可以单独对模块加以设计、调试、修改与存储,有利于不同专业化企业生产。

(2)互换性。由于模块在接口的结构、尺寸、参数等多个方面实现了标准化生产,所以就特别容易进行模块间的互换,让模块能够满足更大数量的需求。

(3)通用性。这个性质的好处就是有利于横系列、纵系列产品间的通用,甚至可以实现跨系列产品间的模块通用。

如图 2-5 所示,木条椅就是十分具有代表性的模块化设计。

其使用的模块也只有木条、铁架,而且木条的型号也仅仅是长、短两种,铁架结构也仅有环形架与短靠背架。由此来看,这张座椅的设计只用四种模块就完成了。

图 2-5　木条椅的模块化设计

同样,还可以在产品的模块化设计中采用较为简单的产品,如有的作品设计成俄罗斯方块样式的座椅,群众可根据自己的兴趣与喜好来加以排列、组合。

当然,组合不同所产生的使用功能与效果也会相应不同。有时造型单元也能够按照不同的组合产生十分丰富的造型效果,同时也会满足不同功能的需要。如图 2-6 所示,尽管是单一的造型单元,通过不同形式的组合也会呈现不同的 S 形曲线,同时,单元的造型本身也能够产生一定程度的变化;而另外的模块化组合则会产生像人体一样自由变换的造型。

图 2-6　模块的组合变化

三、仿生设计方法

所谓的仿生设计学是指仿生学和设计学交叉渗透而形成的一门边缘性学科,其研究的范围十分广泛,研究的内容也十分丰富。在这里,我们是基于对所模拟的生物系统在设计中的不同应用而进行分类的。其实归纳起来看,仿生设计学的主要研究内容如下。

(1)形态仿生设计学。这一学科的研究范围主要是生物体(动植物、微生物、人类)与自然界物质存在(如山、川、日、月、风、云、雷、电等)的外部形态及其象征寓意,以及如何利用相应的艺术手法把它们用到设计中来。

(2)功能仿生设计学。这一学科的研究范围是生物体与自然界物质存在的功能原理,并运用这些原理对现有的技术进行改进或重新来建造新的技术系统,以促进产品的更新换代或新产品的开发。

(3)视觉仿生设计学。其研究的主要课题是生物体的视觉器官对图像的识别、对视觉信号的分析和处理，以及相应的视觉流程；它在当前的产品设计、视觉传达设计以及环境设计中有比较广泛的使用。

（4）结构仿生设计学。该学科主要的研究对象是生物体与自然界物质存在的内部结构原理如何在设计中得到应用，如何用在产品设计与建筑设计中去。其中对植物的茎和叶、动物形体、肌肉、骨骼等方面的结构研究比较深入。

仿生设计通过模仿自然界中的事物结构、功能等来解决问题、形成自然形态的艺术效果。

比较经典的设计作品案例如北京鸟巢的景观灯（图 2-7），采用的就是仿生设计，灯具的外观模仿了鸟巢的形象，给人一种亲近自然的感觉。同样，一些布置在海边的公共座椅设计也采用了仿生设计方法，模仿的对象是海浪波涛起伏的形状，这是对外形的模仿（图 2-8）。当前，随着科技的快速发展，人类对清洁能源的利用范围也在扩大，如太阳能景观灯的设计也利用仿生学的方法，不但模仿了自然界中的植物形象，也模仿了植物向阳的特点。这种仿生设计兼具了外形与功能两个方面的模仿，独具匠心（图 2-9）。

图 2-7　鸟巢景观灯设计

图 2-8 波浪形座椅

图 2-9 太阳能仿生灯设计

四、功能分析法

功能分析法实际上是对产品的功能加以分析,并将产品的功能细化成多个子功能,运用多样方法去解决每一项子功能,最终汇总优化产品的系统功能及实现功能。这种方法的好处是方便设计师掌握核心功能,不受产品外形的约束,从而就进一步拓宽了设计师的思路。

采用功能分析法进行设计的最常见物品是坐具,如图 2-10 所示座椅的设计体现得特别明显。这种座椅的设计关键是考虑其功能要素,并非是造型等因素,尤其是考虑到这种座椅处于人数较多状态时的状况。

图 2-10　提供多人休息的座椅设计

　　功能分析方法的另一个思路是多功能组合的设计。在很多的公共设施中，其使用功能并不是单一的，还可能是多种不同功能相互组合完成的，如座椅与花坛的组合、与灯具的组合，等等。现在的很多城市中会把自行车停车架与座椅结合到一起，让行人在休息的同时还可以锁定自行车（图 2-11）。这种多种功能相互组合的方法不但能够节约大量的空间与成本，还十分方便使用者进行使用。

图 2-11　多功能自行车使用设施

五、景观元素提取法

元素提取法通行于工业设计,是工业设计中的一种常用手法,在公共设施的设计中,因为公共设施并不和工业设计完全相同,而且其处的环境多为户外,所以要重点考虑公共设施和户外景观环境之间的融合,对公共设施周围景观元素的提取就成了公共环境设施元素提取的重要来源。提取后的元素不仅能够作为公共设施的主要造型元素,还能够与周围的景观环境保持协调一致。

例如,现在人们对城市道路元素进行提取处理后,形成了一种新的座椅设计思路,一方面极具象征性意义,另一方面还能够作为导向图给行人提供有关的道路信息。这种设计把座椅作为城市的一部分,与城市的道路之间相互联系,形成了独具特色的、只有这座城市才有的座椅风格,呈现出城市的新特点(图 2-12)。

图 2-12 公共座椅设计新思路

在城市公共设施设计中,景观灯设计体现出对周围景观元素的反映。如图 2-13 所示为照明公司设计的体育场馆灯具造型,提取了体育场馆的设计元素,再通过加工处理就变成了一款精致的景观灯。

图 2-13　提取体育馆元素的灯具

第二节　公共艺术设计的材料处理及应用

一、金属材料的处理

(一)金属的含义与特征

金属材料是以金属元素或金属元素为主构成成分的材料的统称,这种材料具有金属的特性(图 2-14)。其类型比较多,如纯金属、合金、特种金属等,金属材料的分类通常有黑色金属、有色金属与特种金属。

(1)黑色金属也叫钢铁材料,主要是指含铁量在 90% 以上的工业纯铁,含碳在 2%～4% 的铸铁,含碳低于 2% 的碳钢等,广义上的黑色金属还含有铬、锰及其合金。

(2)有色金属主要是指除了铁、铬、锰之外的其他所有金属及其合金,一般可以分成轻、重金属,贵金属,稀有和稀土金属等。从强度与硬度上来看,有色合金要比纯金属更高,且有较大的电阻,同时其电阻温度系数比较小。

（3）特种金属材料主要有两大范围,一是不同用途的结构金属材料,另一个是功能金属材料。其中还包括采用快速冷凝技术获取的非晶态金属,还有准晶、微晶、纳米晶等多种金属材料等;除此之外还包括隐身、抗氢、超导、形状记忆、耐磨、减振阻尼等特殊功能合金。

图 2-14　金属材料

金属材料具有下列性能,了解这些性能对我们处理金属材料很有帮助。

（1）切削加工性能:这一性能可以反映出金属材料用切削工具(如车、刨、磨、铣削等)进行加工处理的难易度。

（2）可锻性:这一特性主要反映出金属材料在压力加工处理过程中所成形的难易度。

（3）可铸性:反映在金属材料上,表现是熔化浇铸成为铸件处理的难易度。

（4）可焊性:这一特性反映金属材料在局部快速加热,使结合部位快速地熔化或半熔化(需加压),进而让结合的部位牢固地结合而成为一个整体的处理难易度。

（二）公共设施中的金属应用

金属材料有比较好的表现能力,所以在公共设施中被广泛地采用,具有冰冷、贵重的特点。在设计的时候可以依据需要加工

成各种各样的造型,塑造出不同的视觉效果,提高设计的品质(图
2-15)。

图 2-15 金属围护设施

二、塑料材料

(一)塑料的含义与工艺

塑料实际上是合成树脂的一个类型,其形状也和天然树脂中
的松树脂极其相似,但是由于经过了化学的方法进行了合成,所
以就叫作塑料。塑料的主要成分为合成树脂。树脂在塑料中的
含量相当高,占到塑料总重量的 40%～100%。塑料的基本性能
主要取决于树脂的本性,但是树脂中的添加剂也有着重要的作
用。有很多的塑料实际上就是由合成树脂组成的,不含或少含添
加剂,如有机玻璃、聚苯乙烯等。

塑料的成型加工主要是指合成树脂加工制作成塑料制品的
程序。加工通常有压塑、挤塑、注塑、吹塑、压延、发泡等六个
程序。

(1)压塑:压塑又叫模压成型、压制成型,压塑成型主要是用
在酚醛树脂、脲醛树脂等热固性塑料成型方面。

（2）挤塑：挤塑也叫挤出成型，是用挤塑机（挤出机）把已经加热了的树脂持续地通过模具，挤出所需要的形状制品的一种方法。挤塑常常会用在热固性塑料的成型阶段，还可用于泡沫塑料的成型。

（3）注塑：注塑也叫注射成型。注塑的过程是运用注塑机把热塑性塑料的熔体在高压作用下注到模具中，再经过冷却、固化来获得所需产品的方法。注塑一般也可以用在热固性塑料或者泡沫塑料的成型制作。注塑具备的优点为生产速度比较快、效率比较高，操作也能够采用自动化，尤其适合大量地生产。

（4）吹塑：吹塑也称作中空吹塑或中空成型。吹塑通常是借助压缩空气的压力让闭合在模具中的热树脂型坯经过吹胀程序之后形成一个空心的制品的方法。吹塑有两种方法，即吹塑薄膜和吹塑中空制品。

（5）压延：压延是把树脂中的各种各样的添加剂经过预期的处理之后，再通过压延机的两个甚至多个压延辊间隙加工成薄膜或片材，之后再从辊筒上剥离下来，经过冷却之后最终成型的方法。需要注意的是，这些压延辊的转动方向是相反的。

（6）发泡：发泡也叫发泡成型，就是在发泡材料（PVC、PE 和PS 等）中加入一定量的发泡剂，让塑料可以产生微孔结构的过程。一般说来，基本上所有热固性与热塑性的塑料都可以做成泡沫塑料。

（二）公共设施中的塑料应用

塑料本来是一种人造的合成物，是现代材料的杰出代表，由于其不易碎裂，加工起来也相对方便，所以在设计方面已经被广泛地运用（图 2-16）。塑料能够根据预先的设计，制作成各种各样的造型，这一点是其他材料无法比拟的。塑料具有特有的人情味以及较强的时代感，是现代工业文明的信息传达手段之一，同时，塑料还具备较好的防水性，能够大量地用在公共设施设计中。虽然塑料具备较好的可塑性，但是其缺点也十分明显，其主要的表现是容易老化、褪色。随着科技的发展,塑料加工技术日益进步,这方面的缺点也得到了较大程度的改观。

图 2-16　公交站点的塑料遮阳篷

三、石材材料

(一)石材的含义与特征

石材是现代社会中一种相对高档的建筑装饰材料,但是,多数人对其种类、性能并不完全了解。当前,市场上出售的常见的石材有大理石、花岗岩、水磨石、合成石,其中比较有名的是大理石,其汉白玉石料是大理石中的上品;花岗岩的硬度要大于大理石;而水磨石是一种混合石材,是以水泥、混凝土等为原料经过锻压而成的;合成石则是利用天然石的碎石加上黏合剂之后,经过人工加压、抛光制作而成的。由于后两者是人工制作而成的,因此在强度上要低于天然石材。

天然的石材主要是经过人工开采,从天然的岩体中分离出来,并且被人为地加工成板状或块状的总称。天然石材具有如下优点。

(1)蕴藏十分的丰富且分布的面积较广,有利于就地取材。

（2）天然石材的结构很密,抗压强度比较高,很多的天然石材的抗压强度都可以超过 100MPa。

（3）天然石材有很好的耐水性。

（4）天然石材有很好的耐磨性。

（5）石材具有良好的装饰性。其艺术效果表现为纹理相当自然、质感十分厚重、庄严雄伟。

（6）耐久性比较好,一般石材使用年限均可达到百年以上。

（二）公共设施中的石材应用

因为石材十分坚硬且不易被腐蚀,所以它在环境设施的设计过程中被广泛地运用（图 2-17）。不同的石材具有不同的表情,一般具有厚重、冷静的表情特征,通常可以起到烘托与陪衬其他材质的作用。石材的纹理具有自然美感,可以进行切割,产生各种丰富的造型和拼贴效果。

图 2-17　石材在公共设施中的应用

四、木材材料

（一）木材的含义与处理

木材是指可以次级生长的植物,如乔木、灌木。这些植物在初生生长结束后,根茎中的维管形成层就会进行活动,逐渐地向外生长出韧皮,而向内则发展出了木材。对于木材来说,其实际上就是维管形成层往内部发展而成的一种植物组织的统称,主要包含了木质部与薄壁射线两个部分(图 2-18)。

木材对人类的生活有较大的作用。按照木材性质的不同,人们可以把它们用作不同的途径。木材主要有两大类:针叶树材、阔叶树材。针叶树材如各种杉木、松木等;阔叶树材如柞木、香樟、檫木及桦木、楠木等。

图 2-18　木材堆放

对木材的使用就是对木材加工处理的过程。人类除直接使用原木外,还将木材加工成各种各样的板方材或制品。为了减少木材在使用过程中发生变形或开裂的现象,通常会将板方材进行自然干燥或人工干燥处理。自然干燥主要是把木材堆垛起来气干;人工干燥则使用干燥窑法,有时也会使用简易烘、烤法。经干燥窑法加工处理的木材质量较好,其中的含水率有时仅仅不到10%。对于在使用过程中较易腐朽的木材来说,要事先做防腐加工处理。

(二)公共设施中的木材应用

在公共设施中,木材是一种使用比较广泛的材料,它具有的可操作性是其他材料不可比拟的,并且木材加工处理之后具有容易拆除、易拼装的特点。木材不但具有加工比较方便的特点,其本身还有较强的自然气息,很容易就能融入与软化周围的环境,其符号特征比较明显(图 2-19)。因为木材是一种十分暖性的材质,所以比较适合制作成座椅、床位等和人体直接接触的设施,但是需要注意的是,因为公共设施多是放置在户外,所以木材也需要进行防腐处理。

图 2-19　公园中的木椅

五、玻璃材料

(一)玻璃的含义与特征

玻璃在中国古代也叫琉璃,是一种透明、强度和硬度都比较高、不透气的材料。在日常环境中,玻璃呈现化学惰性,也不会和其他的生物产生作用,因此其用途也十分的广泛。玻璃通常不和酸发生反应(例外:氢氟酸和玻璃反应生成 SiF_4);但是玻璃溶于强碱,如氢氧化铯。玻璃是非晶形过冷液体,在常温下呈现固体形态,易碎,其硬度为摩氏 6.5。

玻璃的生产需要一定的工艺,主要包括下面的内容。

(1)原料预加工。把块状的原料如纯碱、长石等进行粉碎,让潮湿的原料变得干燥,把含铁的原料做除铁加工处理,确保玻璃的质量。

(2)玻璃的配合料制备。

(3)熔制。把玻璃的配合料放在池窑或者坩埚窑中做高温(1550℃~1600℃)加热处理,形成一种比较均匀且没有气泡,并符合一定的成型要求的液态玻璃。

(4)成型。把之前的液态玻璃进行加工,制成所要的形状,如平板、器皿等。

(5)热处理。借助退火、淬火等多种工艺,使玻璃的内部消除或产生应力、分相或晶化,甚至改变玻璃的内在结构状态。

一块普通的玻璃应该具有下列特性。

(1)具备良好的透视、透光性。

(2)具备隔音效果,能够起到一定的保温作用。

(3)抗压强度远大于抗拉强度,是一种十分典型的脆性材料。

(4)化学稳定性比较高。在一般的情况下,能够抵抗酸碱盐及化学试剂与气体的腐蚀,但长期的风化与发霉也会使其外观遭到破坏而降低透光性。

(5)热稳定性不好,在急冷急热的条件下很容易发生炸裂。

(二)公共设施中的玻璃应用

玻璃可以对光产生较强的反射、折射性作用,这是玻璃和其他的材质之间存在的根本不同之处。在具体的公共设施设计过程中,设计师们可利用这种特殊的质感加以设计,以此来增加作品独特的视觉感。除此之外,玻璃的硬度较好、容易清洁,这些特点使玻璃可以很好地适应户外的环境。但是玻璃的最大的缺点是易碎,这一特点同时也使玻璃在户外环境的利用过程中受到极大的限制。不过,随着现代科技的发展,近年来对玻璃的性能也在不断地改善和提升,它的缺点也得到很大程度的改善。

此外,玻璃还有较好的可视性特点,这就使公共设施对周边环境的干扰大大减少了。这个特性促使玻璃在公交站亭、电话亭等多种大型的公共设施中得到广泛的使用(图 2-20)。

图 2-20 玻璃在公共设施中的使用

六、混凝土材料

(一)混凝土的含义与特征

当代,混凝土是一种十分重要的土木工程建筑材料。它主要是由胶结材料、集料、骨料与水根据一定的比例进行配制,经过搅拌振捣,在一定的条件下形成的。混凝土的原料十分丰富、价格相对低廉、生产的工艺也十分的简单,所以其使用量也变得越来越大;同时,混凝土还有抗压强度高、耐久性好、强度等级范围宽的优点,因此它的使用范围比较的广泛。混凝土除了用于土木工程中,在当代造船业、机械工业、地热工程等现代化建设中也是一种十分重要的材料。

混凝土具有下列性能特征。

(1)和易性。这是混凝土拌和物具有的最重要的性能。它综合表现在拌合物的稠度、流动性、可塑性、抗分层离析泌水的性能及易抹面性等。

(2)强度。这是混凝土在硬化、凝固之后所具备的最重要的力学性能,主要是指混凝土在抵抗压、拉、弯、剪等多方面的能力。

(3)变形。这是指混凝土在荷载或温湿度发生变化的作用下会变形,主要是弹性变形、塑性变形、收缩与温度变形等多方面的变化。

(4)耐久性。通常情况下,混凝土的耐久性十分好。但是在寒冷的地区,尤其是在水位变化的工程部位及饱水状态下受到频繁的冻融交替作用时,混凝土就变得十分容易损坏,因此,这种情况下要求混凝土具有一定的抗冻性。在用于一些不透水的工程设计时,混凝土要求具有较好的抗渗性与耐蚀性能。综上所述,抗渗性、抗冻性、耐蚀性都是混凝土所具备的耐久性。

(二)公共设施中的混凝土应用

混凝土所具备的最大特点是安全性、耐久性,能够确保公共设施的安全持久。但是也有很大的缺点,即十分的笨重、移动起来也不方便,外边十分冰冷。因此,为了能够在混凝土应用方面达到良好的效果,通常要与其他的材料相结合来使用,这样才可以设计出较好的公共设施。其特点是比较适宜做大且敦实的公共设施,不适宜做灵巧、纤细的设施。如图 2-21 所示,混凝土多是用来制作座椅、路障等具有十分厚实感的设施。

图 2-21　混凝土路障

第三节　材料的属性及公共艺术的特质

一、材料的属性

(一)石材

石材可以分成两种:天然石材与人工石材,并且其颜色与种类都比较多。由于石材的户外防风化性、吸水性、强度等方面具有很突出的表现,因此,石材就成了现代公共艺术设计中常用的一种材料。石雕艺术是国内外都具有悠久历史的一门艺术,在现代的广场、古代的园林中都很常见,就是在现代社会,石材依然是城市公共艺术在制作的过程中最为重要的一种信息媒介。

现代社会中的常用石材种类有各种花色的花岗岩、大理石。除此之外,人造石材有着很多的优点,如便于加工塑型、对人体的辐射率比较小、破损之后也十分便于修补等,其具备的这些让它变成了设计师手中的宠儿。以城市公共雕塑为例,其所表达的感情也是不同的。

位于海南三亚的南山海上观音,雕塑的高度为 108m,底部的金刚石座在海里砌成,投资建造高达 33 亿元。据佛教的经典记载,观音菩萨心怀救苦救难的慈悲,为搭救芸芸众生,她发了十二个大愿,其中的第二愿便是"常居南海愿"。观音圣像在总体上是表示观音"大慈与一切众生乐,大悲拔一切众生苦"的大慈大悲形象,是"慈悲""智慧""和平"的精神象征。这尊巨大的观音像主要分成了三个大的面,正面的观音形象是一个手持经箧形象,右面的观音为手持莲花的形象,左面的观音是一个手持念珠的形象,这三个观音形象依次象征着智慧、平安、仁慈(图 2-22)。其中,这一尊佛像的每个法相都蕴含着一种大智能及感应功能,能增福添慧、保佑平安。

图 2-22　海南三亚观音像

又如位于广州市越秀公园的五羊雕塑也是一件精品,这是一组花岗岩雕塑杰作。这件雕塑高度为 8m,是几只羊的群雕。雕塑本是源于广州的传说,作品的构图十分紧凑,动物的姿态也比较挺拔,轮廓的影像异常鲜明,也成为广州城市的标志,广州也有"羊城"的称谓(图 2-23)。

图 2-23　广州五羊雕塑

(二)金属

金属类材料的应用在现代城市中也十分广泛,金属材料凭借其自身的天然永恒性以及高贵性,在现代公共艺术设计中具有十分广泛的实用价值与审美价值,同时也给现代作品创作提供了一个多方位的设计空间。金属材料的种类同样有很多,所以它们的加工工艺以及方法也会不同。而各类金属具有的不同质地与色泽,也让公共艺术创作作品给城市带来了新的实施空间。

金属材料通过不同加工工艺会有不同的视觉与触觉美感。其中十分常用的是金属材料铜、铁、锡、铝、金、银等,还包含有各种合成的金属材料。不管是抛光的金属还是亚光的金属,都可以在公共艺术设计师之手被重新赋予新的生命。而金属也就成了设计师们个人才华施展的常用材料。

其中比较典型的金属材料公共作品是巴黎埃菲尔铁塔,这是时间建筑史上的奇迹,也是金属建筑的代表,更是法国巴黎城市的象征(图 2-24)。

图 2-24 巴黎埃菲尔铁塔

埃菲尔铁塔表现的是一对深爱的男女的故事,他们的动人爱情故事代代流传下来,而设计师则通过埃菲尔铁塔来表现他们爱情的永存,其深意是在人间最接近天堂的地方诉说着对爱人的思恋——“我爱你”,而现在人们所看到的埃菲尔铁塔也就是忠贞爱情的象征。

(三)木材

木材的应用在我国有十分悠久的历史,不管是古代的建筑艺术还是雕刻艺术,都有很多优秀的艺术作品产生。我国有很多的木雕艺术作品与历史故事甚至民间传说进行了结合。木材的种类很多,其中比较常见的木材种类有樟木、银杏木、核桃木、榉木、紫檀等。

对木材的使用要分情况而定,具体的树种木材使用要根据其设计的城市公共艺术的位置与环境来确定,同时也需要按照设计的作品内容与投资的状况来确定。室外环境需要选取硬木且做防腐防水处理。实际上,不管是何种木材只要使用合理与恰当,就可以设计出卓越的作品。

外国的木材使用典型的作品是丹麦的公共遮阳木质结构艺术作品 KEKO(图 2-25)。

图 2-25 丹麦木质艺术 KEKO

这个木质结构通过收集游客的声音,再通过现代技术处理,过滤掉混音等方式,发出协奏音,俨然一个现代大型的乐器。这个大型的木质艺术作品围绕中轴旋转一周,其内在的旋转模式按照日光与投影的关系,营造出一种光影交替的艺术效果,远处看则有一种闪烁的云纹效果,游客们能够通过这个艺术作品来感知与探索三维空间的形状。

(四)玻璃

当前,随着玻璃工艺加工技术的日臻完善,玻璃的制作也完全打破了人们所认为的易碎不易加工的弊端。现代的玻璃工艺已经能够从硬度、透明度、色彩、表面质感等多个方面来进行全面的控制。在现代的作品设计好后,就会利用玻璃来做主题方面的辅助加工,以此来表现公共艺术中的优秀部分。现在的一些城市雕塑中也将玻璃作为了一种十分常用的材料来进行设计,如外国比较典型的玻璃设计作品——波士顿犹太人纪念馆,是现代玻璃工艺作品的典范。

该作品突出了对玻璃的巧妙设计,能够让内部空间得到较好的采光,也能使建筑具有很好的现代气息,与内部的犹太人被杀主题相结合,突出反映了犹太人的悲惨历史(图 2-26)。

图 2-26 波士顿犹太人纪念馆

（五）陶瓷

在中国，陶瓷的应用具有悠久的历史，如在我国有很多古老的传统公共艺术品出土，其中有很多都是陶瓷制品。如出土的文物中有很多随葬品，也包括当今人们使用的生活用品，很多都是陶瓷制品。在现代城市设计公共艺术作品中，陶瓷是其中一种重要的材料之一。由此可知，陶瓷实际上是传统与现代相结合的造型媒介。陶瓷的丰富艺术表现性与物理恒久性十分突出，因此也就成了城市公共艺术物质载体的重要组成部分之一，更是当前城市公共艺术设计中比较常用的一种材料。如现今的成品马赛克，就是现代作品中陶瓷类装饰的重要代表之一。陶瓷在现代公共艺术中的应用比较广泛，如现代社会中将陶瓷制成公共社会中的作品摆设出来，突出城市的历史韵味，表达城市的文化内涵（图 2-27）。

图 2-27　现代公共艺术中陶瓷的应用

陶瓷的使用能够充分表现出现代人对社会生活品质提升的需求，其中的很多具有古代气息的作品，充分地反映出人们对古代作品设计的怀念，而很多城市中的设计作品则是为了突出城市的品位。

（六）树脂复合材料

树脂可以分成两种类型：天然树脂与合成树脂。

松香等很多材料是天然树脂，而酚醛树脂、环氧树脂等则是人工合成树脂的代表。实际上,树脂复合材料就是人们常说的"玻璃钢"。它其实是高分子化合物的总称,通常是没有定型的固体与半固体,是现代社会中出现的一种人工合成材料。这种材料的应用范围也比较广泛,是现代社会公共设计艺术中的经典材料,其典型的代表是毛泽东雕像(图2-28)。

作品在沈阳市的中山广场,总高度达到20.5m,是新中国成立后体量较大的经典作品之一,也是在国内首次使用环氧玻璃钢进行雕塑的典型例子。作品突出了毛泽东的力度与气势,在现代看来仍然是一件最具典型的公共艺术品。

图2-28 毛泽东雕像

(七)纤维

纤维材料的使用比较普遍,在很多的艺术表现形式中都有高超的表现,如现代社会中的服装设计、家居陈设、装置艺术,等等。通常,传统的纤维艺术都设计成平面化的,表现的形式也常常是壁挂、织毯等类型的。

随着现代社会的发展,纤维艺术也由传统意义上的二维空间转向三维空间进行挑战,并且在现代的制作工艺上也超出了传统的编织范畴。纤维材料和其他的材料进行结合,能够创造出其他的材料无法替代的亲和性以及灵动性。特别是现在的城市公共艺术设计中,把纤维艺术与立体造型的语言之间进行了结合,从而就形成了当前各式各样极具表现力的"软雕塑"设计,让传统的纤维艺术充分表达当代的精神,体现出现代美与艺术美的结合,充分表达了现代材料所具有的美感和艺术感(图 2-29)。

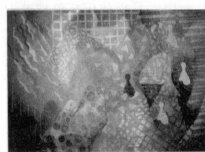

图 2-29　现代纤维材料在公共空间的应用

(八)综合材料

现代艺术设计的发展也在往多元化的方向进行,这在很大程度上也同样体现为材料使用的包容性以及合作性。城市公共艺术不但能够利用单一的材料来加以艺术表现,同时还在持续地尝试运用多种材料加以创作,以此来更加丰富现代艺术作品的表现力及多面性。

总之,现实生活中的任何材料,只要能够符合作品创作的意图,就可以完美地表达出来设计思想,也可以满足作品所在地点的自然条件要求,就能够用来加以创作。现代社会中的很多采用了综合性材料的公共艺术作品都会在一定程度上给人带来艺术品本身所具备的内涵,同时还具有一个时代所具有的艺术气息。

综合材料的使用其实也是将各种材料的特性综合在一个艺术品身上,使这个艺术品的一个部位采用一种材料,表达出一种设计思想,透露出艺术家的设计情感。如在现代社会中经常使用的金属和木材的结合,金属和石材的结合,等等(图 2-30)。

图 2-30　石材与金属相结合的公共艺术

当然,现代社会中的公共艺术设计还不止上述两种情况,还有许多由多种艺术设计相结合的情况,如现代艺术设计中将金属、玻璃、石材、陶瓷等结合在一起,制成现代公共艺术作品,表现了设计师强大的设计才能,体现了设计师现代设计技巧的完美结合(图 2-31)。

图 2-31　多种材质相结合的现代公共艺术设计

根据上述的情况可知,现代设计的材料是一种多种艺术的结合体,这就要求设计师能够按照不同的设计思维来进行设计。设计师在设计艺术作品的时候想要这件作品表达什么样的思想感情,想要作品采取的材料具有什么样的感情属性表现,是艺术设计时必须要思考的问题。例如金属表现的情感是沉重、大气,石材表现的是稳重,玻璃表现出材料的时代感,陶瓷表现出历史的厚重感等,综上所述,现代城市公共艺术具有下列特质。

二、公共艺术的特质

(一)人和公共艺术

人是社会性动物,也是一座城市中公共艺术之所以能够存在的基本点,人的社会性意识决定了其存在的形态。反之,城市公共艺术的客观存在,能够反映与影响到人的生活形态、精神形态甚至人的意识形态(图 2-32)。

图 2-32　人和公共艺术

(二)建筑和公共艺术

城市中的公共艺术和建筑二者间存在着彼此和谐的对话,常常能够成为建筑语言的延续,其所具有的建筑内涵、文化内涵、空间内涵等内在气质,最终都可以比较集中地反映在城市的公共艺术空间中(图 2-33)。

图 2-33　建筑与公共艺术

（三）自然和公共艺术

自然能够和公共艺术相互依存。人及其思维意识的活动主要产生在精神层面,进而再转化成视觉精神的表现,透过这种表现又和环境之间互为存在的前提,最终才能够和自然相互和谐,形成自然和人的心理层面的沟通(图 2-34)。

图 2-34　自然和公共艺术

（四）空间和公共艺术

公共艺术的前提就是所处的空间,公共的概念实际上应该是艺术的前提。与此同时,空间的概念本身也有公共的含义,同时还有艺术的氛围,两者之间是相互依存的关系(图 2-35)。

图 2-35　空间和公共艺术——波士顿犹太人纪念馆

(五)文化和公共艺术

城市公共艺术其实是一个地域性文化的浓缩体,也是承载文化的一个重要媒介,同时还是地域文化再现的一种符号、体现文明的重要标志,是文化和艺术之间相结合的共同体(图 2-36)。

图 2-36　文化与公共艺术

综上所述,公共艺术设计采用的材料要能够反映出设计师的思想情感,同时还要结合设计所需材料的性质、光泽等,对设计材料进行合理的位置分配,对材料的应用要和设计的作品相结合,融入设计师的情感表达,最终设计出一个完美的艺术作品。

第三章 公共空间艺术设计

公共空间设计,是指运用一定的物质技术手段与经济能力,以科学为功能基础,以艺术为表现形式,建立安全、卫生、舒适、优美的内部环境,满足人们的物质功能需要与精神功能的需要。本章对于公共空间艺术设计的研究,主要从四个方面来进行,即公共空间艺术设计的原则、公共空间设计的要素、公共空间设计的形态构成和公共艺术设计的空间组织。

第一节 公共空间艺术设计的原则

一、实用性的原则

随着社会的发展,人民生活水平的不断提高,科学技术水平有了很大的进步,人们对于公共空间功能上的要求也就越来越多样化,公共空间艺术除了具有传统的设计理念、设计方法外,又有很多新增的功能需要,这是我们在设计中必须注意的。公共空间设计的基本原则是实用性原则,它可以从使用功能、安全意识和精神功能三个方面来考虑。

(一)使用功能

绝大部分的建筑物和环境的创建都具有十分明确的使用功能,满足人的使用要求是公共空间设计的前提。另外投资者和未来的使用者对使用价值有明确的要求,设计方案必须能够体现出项目的使用价值。

(二)安全意识

防火、防盗功能是公共空间设计不容忽视的重要组成部分，如大型公共场所必须具备安全的疏散通道，设计烟感应系统，自动喷淋装置，所使用的装饰材质必须是绿色的环保产品，对人体无毒害。

(三)精神功能

精神功能主要表现在室内空间的气氛、室内空间的感受上，如法院等在设计上往往以体现庄严肃穆为主，其特点为空间高大，色彩肃穆。而生活化的场合，如家庭、文体中心、商场等，要以欢快、活泼的设计风格为主，空间自由灵活、色彩丰富多变。

二、舒适性原则

公共空间对于大众利益的理解和服务负有特殊的责任，好的空间设计应该做到为人服务、以人为本，不仅仅是为了满足人的观赏、游玩、购物等活动的需要，更应重视对现代人心理与生理的体验，重视人性化理念。根据人的工作需要、生活习惯、视觉心理等因素，设计出一个人们普遍乐于接受的环境是公共空间设计的最终目标。在大型公共空间出现了很多公共休闲区域、等候区域和共享区域，这些区域中为了更好地服务于人而提供如报纸、杂志、饮用水等设施，以便更好地满足人们的各种需求。

舒适性体现在空间的尺度、材料的使用、色彩与文化心理等多个方面。公共空间设计需要最大限度地满足现代人的生存需求，创造出具有文化价值的生存空间，体现民族性、传统性、具有地方特色及文化底蕴，并结合现代人的生存方式。公共空间的设计提倡营造民族的、本土的文明，提倡古为今用、洋为中用，这是历史赋予我们的使命。

图 3-1　公共空间设计的舒适性原则

三、技术与工艺适用原则

公共空间设计是一个全方位的、综合思考的过程,除了对结构、功能、色调等方面的考虑外,还要对材料和技术工艺运用进行分析。结合当地的材料和技术条件以及成本来进行方案设计,是公共空间设计的一个重要原则。

(一)运用新材料

传统材料伴随着人类的发展已经有数千年的历史,对于人类无论是生理上还是心理上,都难以改变其深刻的烙印,传统材料能给人们带来一种安定、熟悉的心理感受。而新材料的应用是势不可挡的,2010 年在中国上海举办的世博会,可以说是吸引了全世界人民的目光,各个国家的场馆争奇斗艳,英国的种子触须,西班牙馆的藤条外衣(图 3-2),意大利馆的透明混凝土……世博会无疑也是新材料一展芳容的"秀场"。

图 3-2　上海世博会西班牙馆

(二)运用声、光、电等新技术

声、光、电等新技术使用,如公共空间中,可视图像代替了传统的宣传版面,公共空间的导引系统更多利用大屏幕或电脑的触摸装置,使人们更方便、更快捷地得到服务。这些功能极大地满足了人们对于休闲、娱乐和提高工作效率的愿望,既增加了实用功能,又使设计更具科学性与艺术性。

四、形式美原则

公共空间艺术设计不管风格如何、流派怎样,都要遵循一定的形式美法则。形式美法则是客观世界固有的内在规律在艺术范畴中的反映,是人类在创造美的形式、美的过程中对美的形式规律的经验总结和概括。它具有相当稳定的性质,是人们进行艺术创造和形式构成的基本法则。设计是一种视觉造型艺术,它必须以具体的视觉形式来体现,并力求给人以美的感受。因此,对于形式法则的了解和认识,可以帮助我们在展示形式构成中判断优势、决定取舍、锤炼素材,深化表达展示理念,以获得优美的表现形式。

（一）对称

对称是指中心轴的两边或四周的形象相同或相近而形成的一种静止现象。这是一种古老而有力的构图形式。我国古代宫殿、庙宇、墓室以及民居中的四合院等建筑无不是通过这一形式来呈现的。自然界中的对称形式更是不胜枚举，动物的四肢、鸟禽的翅膀、树木的枝叶等，人体自身就是诸多对称形式的产物。

图 3-3　公共空间设计的对称原则

对称分为完全对称和近似对称。完全对称是指中心点的两侧和四周绝对相同或相等，采用这种形式来处理，都会显出安稳、秩序井然的感觉。近似对称是指宏观上的对称，是一种在局部上有多样变化，在有序中求活、不变中求变的富有对称性质的形式。利用对称来进行空间构图，会给人一种庄重、大方、肃穆的感觉。由于它在知觉上无对抗感，能使空间容易辨认。当然，这种构图形式如处理不当，也会出现呆板、单调的效果。为了避免这种倾向，在整个对称格局形成之后，可对局部细节的诸因素进行调整和转换。

（1）采用形状转换使中心轴两边的形象转换成体量或姿态相同的其他形象。

（2）采用方向反转使轴线两边的形象颠倒一下正背方向，或颠倒一下左右方向，产生一种动感。

（3）调整体量使轴线两边的形象在画面上所占面积的大小或

虚实有所差异。

(4)改变动态使轴线两边的姿势动作产生微妙变化,等等。

(二)均衡

处于地球引力场内的一切物体,如果要保持平衡、稳定,必须具备一定的条件:例如像山那样下大上小,像树那样四周对应着生长枝桠,像人那样具有左右对称的形体,像鸟那样具有双翼……自然界这些客观存在不可避免地反映于人的感官,同时必然也会给人以启示。凡是符合上述条件的,就会使人感到均衡和稳定,而违反这些条件的,就会使人产生不安的感觉。

在公共空间范畴内,均衡是使各形式要素的视觉感保持一种平衡关系。均衡是自然界中相对静止的物体,遵循力学原则而普遍存在的一种安定状态,也是人们在审美心理上寻求视觉心理均衡感的一种本能要求。均衡可分为静态均衡和动态均衡。

1.静态均衡

静态均衡指在相对静止条件下的平衡关系。即在中心轴左右形成对称的形态,对称的形态自然就是均衡的,由于这种形式沿中轴线两侧必须保持严格的制约关系,从而容易获得统一性。通过对称一方面取得平衡,一方面组合成一个有机的整体,给人一种严谨、理性和庄重的感觉,这也是很多古典建筑优良的传统之一。

2.动态均衡

动态均衡指以不等质或不等量的形态求得非对称的平衡形式,也称不规则均衡或杠杆平衡原理。即一个远离中心的小物体同一个靠近中心的较为重要的大物体来加以平衡,这种形式的均衡同样体现出各组成部分之间在重量感上的相互制约的关系。动态均衡具有一种变化的、不规则的性格,给人以灵活、感性和轻快、活泼的感觉。

（三）对比

对比指各形式要素彼此之间不同的性质对比，是表现形式间相异的一种法则。它的主要作用是使构造形式产生生动的效果，使之富有活力。对比是被广泛运用的形式之一，是美的重要法则。我国清代学者王夫之在《画斋诗话》中说："以乐景写哀，以哀景写乐，倍增其哀乐。"说明对比这一美学原理具有强化、渲染主题的作用。对比亦是一种差别的对立，它对人的感官有比较高强度的刺激，容易使人产生兴奋感，使形式更富于魅力。对于设计，对比是形式中最活跃的积极因素。

对比这一法则所包含的内容十分丰富，有形状的对比、尺寸的对比、位置的对比、色彩的对比、方向的对比、肌理的对比，等等。它们具体体现在形体、装饰物、构造、背景等要素的组合关系之中，即包括在直线与曲线、明与暗、凹与凸、暖与寒、水平与垂直、大与小、多与少、高与低、轻与重、软与硬、锐与钝、光滑与粗糙、厚与薄、透明与不透明、清与浊、发光与不发光、上升与下降、强与弱、快与慢、集中与分散、开与闭、动与静、离心与向心、奇与偶等差别要素的对照之中。处理好这些要素在空间中的对比关系，是设计形式能否取得生动、鲜明的视觉效果的关键因素。

（四）反复

反复是指相同或相似的要素按一定的次序重复出现。反复可创造形式要素间的单纯秩序和节奏美感，使对象容易辨认，在知觉上不产生对抗和杂乱感，同时使对象不断出现在视觉上，加深印象，增加记忆度。

反复是一种极为古老而被广泛运用的形式，它是使具有相同的与相异的视觉要素（尺寸、形状、色彩、肌理）获得规律化的最可靠的方法。反复的形式可分为单纯反复和变化反复。

1.单纯反复

单纯反复是指形式要素按照相同的位置、距离简单地重复出现,创造一种均一美的效果,给人以单纯、清晰、连续、平和之感。

2.变化反复

变化反复是指形式要素在序列空间上,采用不同的间隔方式来进行重复,给人以反复中有变化的感觉,不仅能产生节奏感还会形成单纯的韵律美。

(五)渐次

渐次是指连续出现近似形式要素的变化,表现出方向的递增和递减规律。它同反复存在着相同之处,都是按一定秩序不断地重复相近的要素。不同之处是各要素在数量、形态、色彩、位置及距离等方面有渐次增加或渐次减少的等级变化。渐次在客观世界中随处可见,如树枝上的叶子从大渐小、从疏渐密、从浓渐淡的变化,石头扔到池塘中荡漾的涟漪,雨后的彩虹,电线杆由于纵深透视从近高到远低的变化,重檐式宝塔在体量层高上层层渐次的变化等。

渐次的特征是通过要素形式的连续近似创造一种动感、力度感和抒情感。它是通过要素的微差关系求得形式统一的手段。无论怎样极端化的对立要素,只要在它们之间采取渐次递增或渐次减少的过渡,都可以产生一种秩序的美感。

使用渐次法则,关键在于按一定比例逐渐实行量的递增或递减,使同一要素的表情愈演愈烈地一直流畅地贯穿下去。这是渐变美的核心,否则就改变了秩序,失去了这种美。当然,渐次并不绝对排斥局部节奏的起伏,以求得微妙的变化。在反复和渐变构图要素中,如果突然出现不规则要素或不规则的组合,会造成突变,给人新奇、惊愕之感,使人的注意力变得集中,也能取得意想不到的效果。

(六)节奏与韵律

1.节奏

节奏原指音乐中交替出现的有规律的强弱、长短的现象,喻指均匀的有规律的进程。节奏这个具有时间感的用语在构成设计上是指以同一视觉要素连续重复时所产生的运动感,是连续出现的形象组成有起有落的韵律,是客观事物合乎周期性运动变化规律的一种形式,也可称为有规律的重复。它的特征是使各种形式要素间具有单纯和明确的关系,使之富有机械美和强力的美。自然界中许多事物和现象,往往由于有规律的重复出现或有秩序的变化而激发了人的美感,从而出现了以具有条理性、重复性、连续性为特征的韵律美。

2. 韵律

韵律是有规律的抑扬变化,它是形式要素规律重复的一种属性。其特点是使形式更具律动的美。这种抑扬变化的律动,在生活中俯拾即是。例如人的呼吸和心跳,以及其他生理活动都是自然界中强烈的韵律现象。前文提到的节奏和韵律是既有区别又互相联系的形式,节奏是韵律的纯化,韵律是节奏的深化,是情调在节奏中的运用。如果说,节奏是定于理性,韵律则更富感情。节奏和韵律的主要作用就是使形式产生情趣,使之具有抒情的意味。韵律的形式按其形态划分,有静态的韵律、激动的韵律、微妙的韵律、雄壮的韵律、单纯的韵律、复杂的韵律、旋转的韵律、自由的韵律等。这些富有表情的形式,对空间来讲是极为丰富的手段。由于韵律本身具有明显的条理性、重复性、连续性,因而在建筑设计领域借助韵律处理即可建立一定的秩序,又可以获得各式各样的变化。

(七)主从

主从是指同一整体在各不同的组成部分之间由于其位置、功能的区别而存在的一种差异性。就像自然界中植物的杆与枝、花与叶,动物的躯干与四肢,各种艺术形式中的主题与附题,主角与配角……都表现为一种主从关系,对一个有机统一的整体,各组成部分是不能不加以区别而一律对待的,它们应该有主与从的差别、有重点和一般的差别、有核心和外围的差别。否则,各要素平均分布,同等对待,难免会流于松散单调。

(八)调和

调和是指在同一整体中各个不同的组成部分之间具有的共同因素。调和在自然界中是一种常见的状态。比如地球表面覆盖着的植被,有乔木、灌木、草本植物和苔藓植物,它们的形状、姿态尽管千差万别,却有着共同的颜色,即绿色。因此,大地植被给人们的整体视觉感是协调、悦目的。在设计中,调和构成具有十分积极的作用。调和不单是部分之间的类似要素的强弱对比,而且包含着类似与相异的协调关系。因此,调和体现了局部要素的对比与整体之间的关系,没有整体感,局部对比便失去了依存,画面也不会有生动感。从调和的特征来看,类似要素的调和,给人以抒情、平静、稳定、含蓄、柔和的感觉。差异要素的调和有着更为丰富的内涵,给人以明快、强烈、鲜明、有力、清新的感觉。

(九)变化与统一

客观世界中,各种事物之间既有可调和的因素,又有相互排斥的因素。调和与排斥组成矛盾,即对立和统一的矛盾,它是人类社会和自然界一切事物的基本规律,这种既对立又统一的规律,在艺术形式范畴中具体运用时,即体现为变化与统一的形式美感规律。在形式构成中,它表现在各形式要素间既有区别又相互联系的关系上。变化表现在形式要素的区别之中,而统一表现在形式要素间的联系之中。前者是指对照的相异关系,后者则是指相同或相似的关系。变化和统一,是在协调中寻求丰富多样,在区别中寻求和谐。这是取得形式美感的稳定的永恒的规律。

变化和统一是形式构成中最为重要的法则,是形式美感法则中的中心法则。它包含着对称、均衡、反复、渐次、节奏、韵律、对比、调和、主从等具体法则的所有内容,并对这些内容起统管作用。例如,在形式构成中,过分的对称会造成呆板,可调节局部使之在对称中有微妙变化;过分的混乱破坏了均衡,可调节内在秩序,使之在变化中产生均衡感。同样的道理,过分的对比应注意增强量的调和,可不致使对比太刺激而无舒适感;过分的调和则应注意微量的对比调节,可使调和不至于太暧昧与平庸;单一反复中应注意调节细部的处理,不致使重复流于单调;太规则的渐次应注意幅度的微妙调节,使渐次在秩序中不落于平淡,等等。

变化和统一在形式构成中,两个因素相辅相成、配合默契,但两者亦不能处于等量的地位。如要追求动荡的刺激,即可加强统一中的变化因素;如要追求安定、平和,则可强调统一,其余所有法则在具体运用时,无不体现这一中心法则的根本要求。

变化和统一是矛盾的两个方面。尽管两个方面处于对立的位置,却是不可分割的一个整体。中国画的形式构成中常以"相兼"来调节矛盾的两个方面的相互关系,如方中见圆、圆中见方、疏密相兼、虚实相兼,即把矛盾的两个方面调整为兼而有之的一种美感追求。设计构成中,如果能使形体、装饰物、构造、背景等构成要素在虚实、疏密、松紧、黑白、轻重、大小、繁简、聚散、开合等许多矛盾中兼而有之,可使空间呈现出既生动、活泼,又有秩序、调和的视觉形式。

形式中的变化统一关系,是矛盾着的要素相互依存、相互制约和相互作用的关系。它最突出的表现就是和谐,而这里的和谐,并非消极的变化和简单的协调统一,而是积极的变化,使互相排斥的东西有机地组合。一个优秀的设计形式,如果缺乏统一,则必然杂乱无章。和谐样式不是信手拈来、随意而得,而是从变化和统一的相互关系中得来。故应认真研究和掌握既变化又统一的相互关系,并有效地运用在设计形式的构成之中。

第二节 公共空间设计的要素

一、实体要素

实体形态具有三维空间特征,空间的形态是通过点、线、面的运动形成的界面围合而产生的形状,以加强人们对空间的视觉认知性。如果将实体的形进行分解,应该可以得到以下基本构成要素,即点、线、面和体。①

对于公共空间设计,其分布形态可分为点状布局②、线状布局③、面状布局④,而环境内部的空间形态同样存在着点实体、线实体和面实体,其分布一方面是按照功能要求进行布局的,另一方面则应完全考虑到整体的视觉需求来布置。

(一)点

点是概念性的,没有体型或形状,通常以交点的形式出现,在空间构造上起着形状支点的作用,是若干边棱的汇聚点。在环境艺术设计空间中,具有"点"的视觉意义的形象却是随处可见的,一幅小装饰画,对于一面墙;或一件家具,对于一个房间等。这个点尽管相对很小,但其在室内空间中却能起到以小压多的作用。

---

① 这些要素在形象塑造方面具有普遍性意义,在环境艺术设计空间形态的实体存在中,主要体现于客观的限定要素,地面、墙面、顶棚或室外环境中的硬质及软质构成设置就是这些实在、具体的限定要素。我们对这些限定要素赋予一定的形式、比例、尺度和样式,形成了具有特定意义的空间形态,并造就了特定意义的空间氛围。

② 点状布局的室外环境具有相对的独立性,表达着一定范围的环境意义,但其自身又具有"面"的概念。

③ 线状布局的室外环境呈线形连续分布的环境状态,具有清晰的方向性和较强的功能性,通过线形联系,将许多"点"贯穿起来,形成一定规模的空间环境。

④ 面状布局相对于城市空间,实际上可以理解为较大的点。

大教堂中的圣坛,若与整个空间相比尺度很小,但它却是视觉与心理的汇聚中心(图 3-4)。

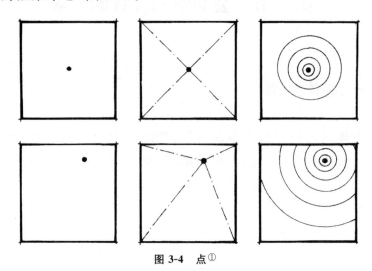

图 3-4　点①

(二)线

"线"是由"点"的运动或延伸形成的,同时也是"面"的边缘和界限。② 线的体系也颇为庞大,有直线、有曲线。线与线相接又会产生更为复杂的线形,如折线是直线的接合,波形线是弧线的延展等。

1. 直线

直线分为垂直、水平和各种角度的斜线(图 3-5)。

---

① 郑曙旸.环境艺术设计[M].北京:中国建筑工业出版社,2007
② 尽管从概念上来讲,一条线只有一个量度,但它必须具备一定的粗细才能成为可视的。之所以被当作线,就是因为线的长度远远超过其宽度(或曰粗度),否则线太宽或太短均会引起面或点的感觉,线的特征也就荡然无存了。长的线保持一种连续性,如城市道路、绵延的河流;短的线则可以限定空间,具有一定的不确定性。方向感是线的主要特征。

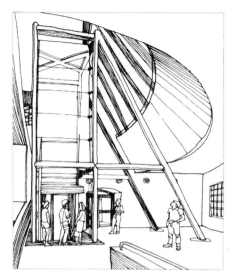

图 3-5 斜线带来的动势和现代感

　　在尺度较小的情况下，线可以清楚地表明"面"和"体"的轮廓和表面，这些线可以是在材料之中或之间的结合处，或者是门窗周围的装饰套，或者展现空间中梁、柱的结构网格（图 3-6）。

图 3-6 顶部构架与垂直立柱结合所形成的空间的线要素

2. 曲线

曲线的种类有几何形、有机形与自由形等。

直线和曲线同时运用在设计中会产生丰富、变化的效果,具有刚柔相济的感觉(图 3-7)。

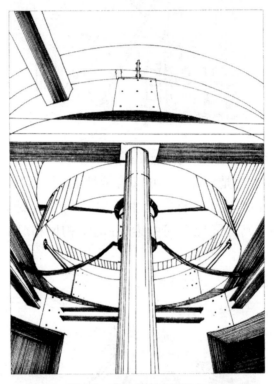

图 3-7　曲线与直线的结合

不同样式的"线"以及不同的组合方式往往还带有一定的地域风格、时代气息或人(设计师或使用者)的性格特征。

(三)面

"面"是线在二维空间运动或扩展的轨迹,也可以由扩大点或增加线的宽度来形成,还可被看成是体或空间的界面,起到限定体积或空间界限的作用。面在三维空间中有直面和曲面之分。

1.直面

直面最为常见。一个相对单独的直面其表情可能会显得呆板、平淡,但经过有效的组织也会产生富有变化的生动效果。折面就是直面组织后的形象反映,如楼梯、室外台阶等(图 3-8)。斜面可为规整的空间形态带来变化。[①]

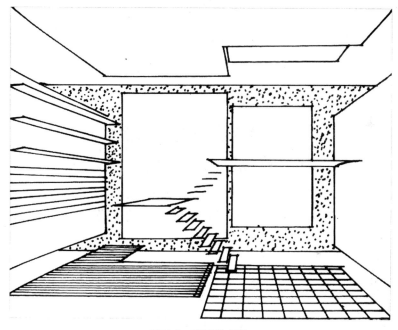

图 3-8　直面的组合

2.曲面

曲面更富有弹性和活力,为空间带来流动性和明显的方向感。曲面内侧的区域感较为清晰,并使人产生较强的私密感;而曲面外侧则会令人感受到其对空间和视线的导向性。自然环境中起伏变化的土丘、植被等地貌也应是曲面特征的具体体现(图3-9)。

---

① 视线以上的斜面能强化空间的透视感;视线以下的斜面则常常具有功能上的引导性,如坡道等。这些斜面均具有一定动势,使空间富有流动性。

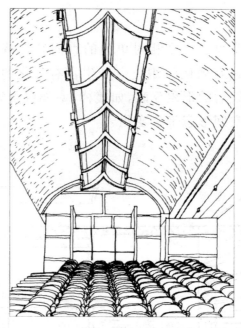

图 3-9　曲面使空间形成动势

　　由曲面形成的各种家具、颜色和材质的变化也会产生不同的视觉效果(图 3-10)。

图 3-10　由曲面形成的家具

(四)体

　　"体"是通过面的平移或线的旋转而形成的三维实体。对"体"的理解应融入时间因素,否则可能会以偏概全,使"体"的形象不够完整和丰满。

　　体可以是有规则的几何形体,也可能是不规则的自由形体。在空间环境中,体一般都是由较为规则的几何形体以及形体的组合所构成。[1]

　　"体"通常与"量""块"等概念相联系。"体"的重量感与其造型、各部分之间的比例、尺度、材质甚至色彩均存在一定关系(图 3-11)。[2]

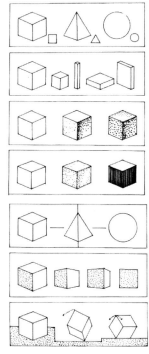

图 3-11　体与造型、比例、尺度、材质等的关系

---

　　[1]　可以看作体的构成物,要以空间环境的尺度大小而定;室内空间主要体现在结构构件、家具、雕塑、墙面凸出部分等;室外空间则体现于地势的变化、雕塑、水体、树木及建筑小品等。如果没有一定的空间限定,上述环境要素就可能变成"线"或"点"的感觉;如果存在空间的限定性,并且它占据了相当的空间,那么其"体"的特征也就相当明显和突兀了。牛的体量不算小,但卧在颐和园昆明湖边的铜牛就只能当作一个"点"来看待。

　　[2]　例如同是柱子,其表面贴石材与表面包镜面不锈钢,重量感会大不相同;同时,"体"表面的某些装饰处理也会使视觉效果得到一定程度的改变。如果在柱表面作竖向划分,其视觉效果就会显得轻盈纤秀,感觉不到柱子的粗大笨重。

在公共空间艺术设计中，"体"往往是与"线""面"结合在一起形成的造型，但一般仍把这一综合性的"体"要素当作"个体"（图3-12）。①

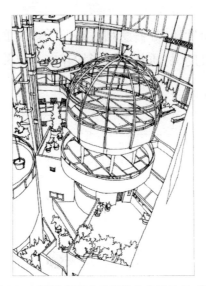

图 3-12　圆的造型在空间中突出了体的感觉

二、虚体要素

虚体要素主要指"虚的点""虚的线""虚的面"，而"虚的体"则是另外一种阐释的"空间"。②

（一）虚的点

"虚的点"是指通过视觉感知过程在空间环境中形成的视觉

---

①　从心理与视觉效果来看，体的分量足以压倒线、面而成为主角。因为有些体也未必真是实体（如椅子、透雕之类），尽管有一定的虚空成分，但大多以"体"的特征昭示于不同环境之中。

②　所谓"虚"是指一种心理上的存在，它可能是不可见的，但它能以实的形所暗示或通过关系推知和被感受到。这种感觉有时是显而易见的，有时是模糊含混的，它表明了结构及局部之间的关系。这是把握形的主要特征的一种提示性要素，也是空间环境视觉语言中的重要语汇。

注目点,可以控制人的视线,吸引人对空间的关注和认知。虚的点一般包括透视灭点、视觉中心点以及通过视觉感知的几何中心点等,见表 3-1 所示。

表 3-1　虚的点的类别

类别名称	概念、意义及设计
透视灭点	透视灭点指人通过视觉感知的空间物体的透视汇聚点。空间物体透视的存在改变了空间形态,特别是随着观察角度的变化,空间视觉形态也会转变。决定空间透视灭点的是人的观察位置和空间布局。在公共空间设计中主要是从这两方面来处理空间的透视效果,使空间展现出其完整而富于方向性和变化性的视觉形象
视觉中心点	视觉中心点指在空间中制约人的视觉和心理的注目点。它往往决定于观察者的位置和空间中各个环境要素的布置。在环境设计中可以只有一个视觉中心点,也可根据场所的需要设置多个视觉中心点
几何中心点	几何中心点指空间布局的中心点,空间的构成要素往往与之存在对应关系。西方园林的格局形式大多以此关系而形成

(二)虚的线

公共空间中"虚的线"也是很多的,它应是一个想象中的要素,而非实际的可视要素。

1.轴线

轴线是一种常见的虚的线,它是指在公共空间布局中控制空间结构的关系线(如几何关系、对位关系等),在公共空间中对公共空间布局起到决定作用,因此在这条线上,各要素可以作相应的安排。

公共空间设计中可利用对称性突出轴线,通过两侧的布局关系,如树木、绿地、小品、建筑的对应关系,加上其他景观要素强化轴线感觉。[①] 轴线可以连接各个景观,同时通过视觉转换,把不同位置上的景观要素连接成一个整体。

小空间的轴线感觉并不强烈,但要素之间有明显的对应关系,通过视觉能感受到这种主线的存在并能引导人的行为和视线,因此轴线往往与人行动的流线相重合。

2.断开的点

当人们看到间断排列的点时会有心理上的连续感,形成一种心理上的界限感或区域感。平面图上的列柱就是点的排列,虚的线也就使空间有了分隔的感觉(图 3-13)。

图 3-13　顶部灯的排列形成的虚的线

另外,光线、影线、明暗交界线等也应看作是一种特殊意义上的"虚的线"。

---

① 最为典型的就是北京城的南北中轴线,天安门广场上的纪念碑、城楼、人民大会堂、国家博物馆及故宫、景山、钟鼓楼都是强化轴线的重点要素,重新复建的城南永定门城楼则更加强化了这条南北轴线。

（三）虚的面

由密集的点或线所形成的面的感觉,可理解为虚的面。例如一些办公空间经常使用的百叶窗帘。再比如我国北方农村家庭,经常喜欢用串起的珠子当作门帘,也可看作是由密集的点的排列而形成虚的面,使人产生心理上的空间界限。可见,由这样的虚面划分空间,被分隔的空间的局部具有连续感并且相互渗透,使之既分又合,隔而不断(图 3-14)。

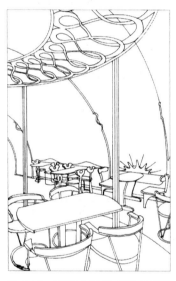

图 3-14　顶部曲线形成的虚的面

还有一种虚的面,其在视觉上并不十分明显,是指间断的线或面之间形成的面的感觉。街道两旁的路灯杆或室内空间的列柱,都会给人以面的感觉,并将空间分隔成虚拟的区域。有的教堂室内空间,由于密柱成排,常被分为中央主空间和两侧的附属空间,使得轴线感和领域感得到加强,也是因为密柱而产生了虚面。

（四）虚的体

虚的体可以说是一种特殊类型的空间,这是循着虚的点、虚的线、虚的面这思路分析的结果。该种空间有"体"的感觉,具有一定的边界和限定,只是该"体"内部是虚空的。室内空间实际上就属于这一范畴。相反,一个孤立的实体,它周围有属于其支配的空间范围,这是由"力场"形成的领域,而由此造成发散的无边界的空间,这样的空间若没有更大界面的围合,就不能看作是虚的体。实的实体和空的虚体的对立统一体,就代表着室内外空间的典型特征。只不过要结合实际情况,考虑其具体的尺寸大小、尺度关系、光色和台地等因素,以达到形体与空间的有机共生。

虚的体,其边界可以是实的面,也可以是虚的面。两面平行的墙面之间可形成三个虚面(两侧一顶),凹角的墙也可形成两个虚面(一侧一顶),若是四根立柱围合,同样也可以形成五个虚面(四侧一顶)。它们均能围合出虚的体。其内部空间是积极的、内敛的。常常围绕柱子而设计的圆形休息座,尽管可以歇歇脚、喘喘气,但总感觉身处众目睽睽之下不甚自在。而常见的沙发、圈椅等就可看作"虚的体","火车座"式的空间也显得安定感颇强,心里踏实。

第三节　公共空间设计的形态构成

一、空间形态构成的基本形式

(一)几何形

几何形几乎主宰了公共空间设计的环境构成。几何形中有两种截然不同的类型——直线形和曲线形。它们最规整的形态,曲线中以圆形为主;直线中则包括了多边形系列。所有形态中,最容易被人记住的要算是圆形、正方形和三角形,折射到三维概念中,则出现了球体、圆柱体及立方体等。

1. 方形

正方形表现出纯正与理性,具有规整和视觉上的准确性与清晰性。

各种矩形都可以被看作是正方形在长度和宽度上的变体。[①]在室内空间中,矩形是最为规范的形状,绝大多数常规的空间形态都是以矩形或其变异而展现的(图 3-15)。

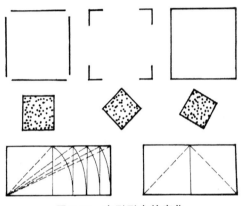

图 3-15　方形形态的变化

2. 圆形

圆形是一种紧凑而内敛的形状,这种内向是对着自己的圆心自行聚焦。它表现了形状的一致性、连续性和构成的严谨性。

圆的形状通常在周围环境中是稳定并自成中心的,然而当与其他线形或其他形状协同时,圆可能显示出分离趋势。[②]

3. 三角形

三角形表现稳定,由于它的三个角度是可变的,故三角形比正方形或长方形更易灵活多变。此外,三角形也可以通过组合形

---

①　尽管矩形的清晰性与稳定性可能导致视觉的单调,但借助于改变它们的大小、比例、质地、色泽、布局方式和方位,则可取得各种变化。

②　曲线形都可以被看作是圆形的片断或圆形的组合,无论是有规律的或是无规律的曲线形,都有能力去表现形态的柔和、动势的流畅以及自然生长的特质。

成方形、矩形以及其他各种多边形（图 3-16）。

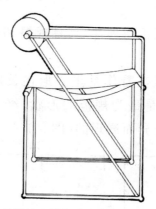

图 3-16　斜线的支撑使凳子形成了三角形的感觉

（二）自然形

自然形表现了自然界中的各种形象和体形，这些形状可以被加以抽象化，但仍保留着它们天然来源的根本特点。

（三）非具象形

有些非具象形是按照某一程式化演变出来的，诸如书法或符号，携带着某种象征性的含义；还有其他的非具象形是基于它们的纯视觉的几何性诱发而形成的（图 3-17）。

图 3-17　非具象形的变化

二、空间形态构成的模式分析

空间中许多构成因素,如形式、材质、色彩、比例、尺度等的变化,都会带来空间感的变化,如图 3-18 所示。

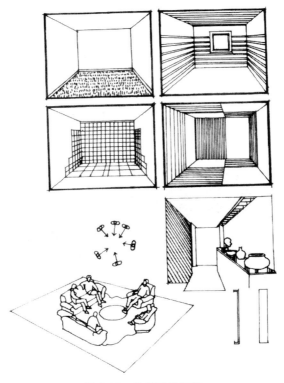

图 3-18　空间感的变化

显然,形成空间与形式的静态实体与动态虚拟的相互关系,可以理解为是图形与背景的关系、正与负的关系或形与底的对立统一关系。

(一)静态实体构成模式

1.形与底的关系论断

对一个构图的感知或理解,要看对于空间中正与负两种关系之间的视觉反映做何种诠释和观照。字母"a"对于背景而言可认为是图形,因而可以从视觉上感知此单词。它与背景形成反差对比,并且其位置与周围关系分离开来;但当"a"的尺寸在所处环境中逐渐加大时,字母或其周围的非字母因素就开始争夺人们的视觉注意力。这时,形与底之间的相互关系会变得暧昧起来,以致可以将二者从视觉上转换过来:形看作底,底当作形。完全形成了另外一种视觉感受。脱离特定环境而谈论环境设计可能会变得毫无意义。对空间的实体要素的"体"和"量"的把握是设计中需要慎重处理的(图 3-19)。

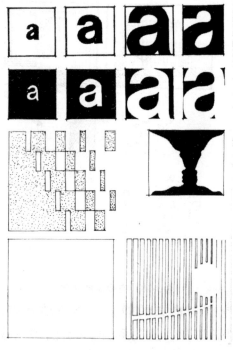

图 3-19　形与底的转换关系图示

2.构成空间形态的垂直要素分析

垂直的形体,往往比水平的面更为引人注意,更为活跃。无论是室内空间还是室外环境,垂直要素都起着不可忽视的重要作用(图 3-20)。

图 3-20　织物构成的空间的垂直要素

（1）垂直的线要素

垂直的线要素，以常见的灯柱为例。它在地面上确定一个点，而且在空间中引人注目。一根独立的柱子是没有方向性的，但两根柱子就可以限定出一个面。柱子本身可以依附于墙面，以强化墙体的存在；它也可以强化一个空间的转角部位，并且减弱墙面相交的感觉；柱子在空间中独立，可以限定出空间中各局部空间地带。①

没有转角和边界的限定，就没有空间的体积。而线要素即可以用于此目的，去限定一种在环境中要求有视觉和空间连续性的场所。两个柱子限定出一个虚的面，三个或更多的柱子，则限定出空间体积的角，该空间界限保持着与更大范围空间的自由联

_____

①　当柱子位于空间的中心时，柱子本身将确立为空间的中心，并且在它本身和周围垂直界面之间划定相等的空间地带；柱子偏离中心位置，将会划定不等的空间地带，其形式、尺寸及位置都会有所不同。

系。有时空间体积的边缘,可以用明确它的基面和在柱间设立装饰梁,或用一个顶面的方法来确立上部的界限,从而使空间体积的边缘在视觉上得到加强。此种手法在室内外环境设计中屡见不鲜。

垂直的线要素还可以终结一个轴线,或形成一个空间的中心点,或为沿其边缘的空间提供一个视觉焦点,成为一个象征性的视觉要素。

一排列柱或一个柱廊,可以限定空间体积的边缘,同时又可以使空间及周围之间具有视觉和空间的连续性。它们也可以依附于墙面,形成壁柱,展现出其表面形式、韵律及比例。大空间的柱网,可以建立一种相对固定的、中性的(交通要素除外)空间领域。在这里面,内部空间可以进行自由分隔或划分(图 3-21)。

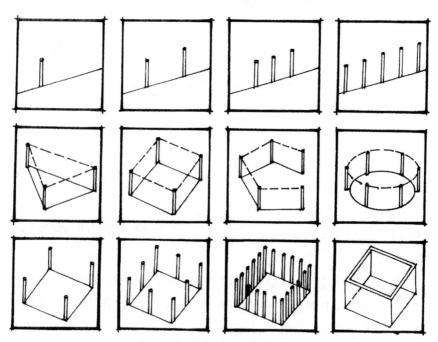

(a)柱子对空间的限定作用图示

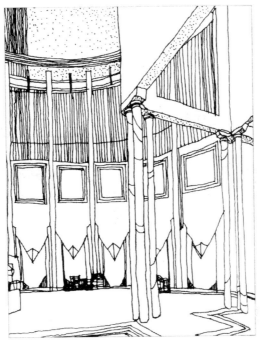

（b） 柱子形成的垂直线要素对空间界限的强化

图 3-21

（2）垂直的面要素

垂直面若单独直立在空间内,其视觉特点与独立的柱子截然不同。可将其作为是无限大或无限长的面的局部,成为穿越和分隔空间体积的一个片段。

一个面的两个表面,可以完全不同。面临着两个相似的空间,或者它们在样式、色彩和质感方面不同,去适应或表达不同的空间条件。最为常见的是室内空间的固定屏风或影壁,既起到空间的过渡作用,又具有一定的视觉观赏特征。

为了限定一个空间体积,一个面必须与其他的形态要素相互作用。一个面的高度影响到面从视觉上表现空间的能力。面的高矮会对空间领域的围护感起相当重要的作用,同时面的表面的形成要素、材质、色彩、图案等将影响到人们对它的视觉分量、比例等感知。实的面和虚的面会形成不同的视觉感受;同样,平的面和曲面也会带来不同的视觉形态(图 3-22)。

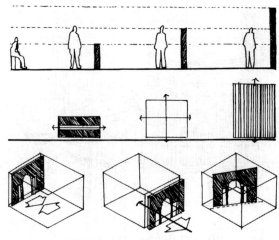

(a)面的高矮和位置对空间的影响

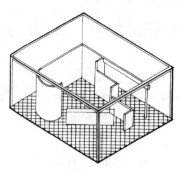

(b)面对空间的维护

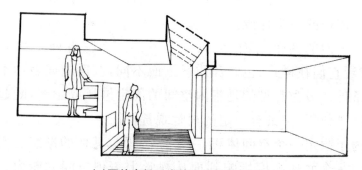

(c)面的高低形成的空间的变化图示

图 3-22

　　垂直的面要素不见得只是独立的,还会有其他一些形式如 L 形垂直面、平行的垂直面、U 形的垂直面等,见表 3-2。

表 3-2　垂直的面的要素的形式

形式类别	特点及意义
L 形垂直面	易产生较为强烈的区域感
平行的垂直面	限定出的空间范围,会带来一种强烈的方向感和外向性。有时通过对基面的处理,或者增加顶部要素的手法,使空间的界定得到强化。但如果两个平行面相互之间在形式、色彩或质感方面有所变化,那么就可能产生空间的视觉趣味
U 形垂直面	它具有独特的有利方位,允许该范围与相邻空间保持视觉上和时间上的连续性。实际上,利用 U 形垂直面去限定围合起一个空间区域,此种方法也是司空见惯、俯拾皆是。沙发围合的 U 形区域也可以理解为低矮垂直要素的典型实例。另外,室内空间的 U 形围合也可以存在尺度上的变化,因此常以凹入空间或墙的壁龛作为具体体现,见图 3-23 和图 3-24 所示

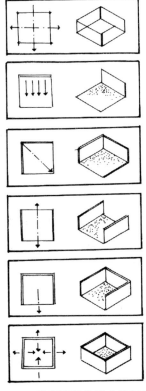

图 3-23　垂直面变化形成的区域感

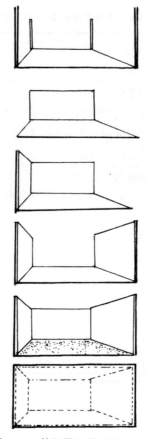

图 3-24　基面界限的流动或明确

3.构成空间形态的水平要素分析

公共空间艺术，无论室内还是室外，水平要素多以点、线或面的形式来体现，应该说是最为丰富的。根据空间尺度大小变化，水平要素中点、面的概念是相对的，有时可以是互为转化的。城市景观设计中水平要素的"点"实际上应理解为"面"的概念。因此水平要素通常还是以"面"作为基本特征。

（1）基面

公共空间设计中常常以对基面的明确表达，使之划定出虚拟的空间领域并赋予其细部一定的风格要求（图 3-25）。

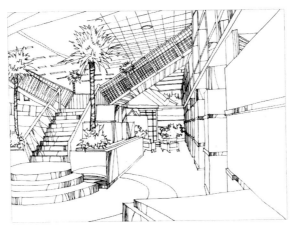

图 3-25　基面变化对空间领域感的强化

基面可表现为抬起和下沉两个方面,如表 3-3 所示。

表 3-3　基面的两种手法

手法名称	释义及意义
基面抬起	基面局部抬起手法已司空见惯,抬高基面的局部,将会在大空间范围内限定出一个新的空间领域。在该局部领域内的视觉感受,将随着抬起面的高度变化而发生变化。通过对抬起面的边缘赋予造型、材质、纹样或色彩的变化,会使这个领域带有特定的性格和特色。抬高的空间领域与周围环境之间的空间和视觉连续程度,主要是依赖抬高面的尺度和高度变化来维系的[①](图 3-26)
基面下沉	基面局部下沉也是明确空间范围的方法之一。与基面抬起的情况不同之处是基面下沉不是依靠心理暗示形成的,而是可以明确的可见的边缘,并开始形成这个空间领域的"墙"。不难发现,实际上基面下沉与基面抬起也是"形"与"底"的相互转换关系,如果基面下沉的位置沿着空间的周边地带,那么中间地带也就成为相对的"基面抬起"。基面下沉的范围和周围地带之间的空间连续程度,取决于下沉深度的变化[②]

---

① 　可以认为,抬起的面所限定的领域如果其位置居于空间的中心或轴线上时,则易于在视觉方面形成焦点,引人注目。手法虽常见,关键是如何将此手法赋予该空间以新的视觉形象和风格特色。

② 　增加下沉部分的深度,可以削弱该领域与周围空间之间的视觉关系,并加强其作为一个不同空间体积的明确性。一旦下沉到使原来的基面高出人们的视平面时,下沉范围就成为实际上的"房间"的感觉了。

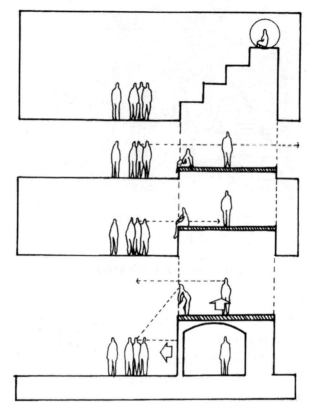

图 3-26　基面抬高对空间和视觉的影响

　　综上所述,可理解为:踏上一个抬起的基面,可以表现该空间领域的外向性或中心感;而在下沉于周围环境的特定空间领域内,则暗示着空间的内向性或私密感。

　　(2)顶面

　　顶面空间的形式由顶面的形状、尺寸以及距地高度所决定。室内空间的顶棚面,可以反映支撑作用的结构体系形式。较常出现的是,它也可以与结构分离开,形成空间中视觉上的积极因素。

　　顶面可以演变成相互间隔的特殊造型,以强化空间的风格要求和视觉趣味,室外空间设计中常用的或木质,或混凝土,或金属制作的"葡萄架"或"回廊",都运用了此表现手法。实际上,通过顶面的形式、色彩、材质以及图案的变化,都会影响到空间的视觉效果(如图 3-27 所示)。

图 3-27　顶面变化对空间视觉效果的影响

(二)动态虚拟构成模式

1. 空间形态的时空转换

人在空间中不仅涉及空间变化的实体要素,同时还要与时间要素发生关系,使人不单在静止的时候能够获得良好的心理感受,而且在运动的状态下也能得到理想的整体印象,能够使人对环境空间感到既协调统一又充满变化和节奏。

人在同一空间中以不同的速度行进,会产生完全不同的空间感受,因而会带来不同的环境审美感觉。因此,在环境艺术设计中关注和研究人的行进速度与空间感受之间的关系就显得尤为重要,这与特定空间环境及环境功能要求密切相关,对环境的空间布局、空间节奏等都会带来很大的影响。由于现代环境设计的使用者对所处环境的要求越来越高,人员的兴趣审美日趋多元化,这样必然会带来空间环境使用功能的多元化。正是这种多元化使环境的空间设计出现了多元的艺术处理手法和表现形式。

2.空间形态的动与静

对于空间构成型态的探讨,不应只限于空间的结构形态,如空间的形状、空间的方向、空间的组合等,还要包括空间的其他造型要素、空间的动线组织,等等。这些空间形态要素使动与静有机地交织在一起,从而使环境空间充满生机和活力。

"动"与"静"是相对的,是对空间组织和使用功能的特定要求。根据空间功能的需要和其性格特征的要求,不同类型的空间形态对动与静的要求都会有所侧重。该动的要动,该静的则要静;或以动为主,或以静为主;或动中有静,或静中有动,动静结合,共同构成空间形态的鲜明特征。阅览室以静为主,展览馆、购物中心则要求动、静结合,室外环境设计亦是对不同动、静要求的有机统一体。

如此这般,就空间形态的动、静问题,应从以下几方面考虑,见表 3-4。

表 3-4　空间形态的要素

要素名称	含义及内容释义
方向	是所有空间形态的关系要素之一,离不开空间的形状、尺度等。所谓不同形态的空间具有各自不同的性格和表情,主要是根据方向这个关系要素产生的。[①] 水平方向和垂直方向的空间会给人以不同方向的动感,而斜向空间则感觉方向性更强,这种方向性较强的空间也容易使人产生心理上的不稳定。这就需要在设计时动静结合,通过静态要素的合理组织,一方面满足功能上的要求,一方面给人以心理上的平衡感,见图 3-28 所示

① 除了一些无方向性的带有"中性"的正几何形空间,会给人以向心的、稳定的和安静的心理感受,可以说,几乎大多数空间都带有一定的方向性,只不过程度不同而已。

要素名称	含义及内容释义
动线	空间的动线可以理解为空间中人流的路线,它是影响空间形态的主要动态要素。在空间中对动线的要求主要存在两方面问题,一是视觉心理方面;二是功能使用方面。根据人的行为特征,环境空间的表现基本体现为"动"与"静"两种形态,具体到某一特定的空间,动与静的形态又转化为交通面积与实用面积。反映在空间环境的平面划分方面,动线所占有的特定空间就是交通面积,而人以站、坐、卧的行为特征停留的特定空间,则是以"静"为主的功能空间①
构图	由多个空间组织的形式和关系,也是构成空间形态动与静的重要因素。空间之间的并列、穿插、围合、通透等手法都会给人带来心理上动与静的感觉。对称的布局形式与非对称的灵活空间相比较,明显带有宁静感、稳定感和庄重感;而非对称布局显现出来的则是灵活、轻松的动态效果,蕴藏着勃勃生机
光影	空间环境的光影变化也会产生一定的动态效应。自然光的移动与人工照明的特殊动感会强化空间形态中"动"的因素,同时营造出丰富的空间层次
构件与设施	有些建筑的大型构件会带有相对较强的动态特征,同样会强化空间形态的动态效果;一些设施如自动滚梯、露明电梯等更是影响动与静的形态要素。这时,空间形象的运动和变化结合着人流的动线,与静态要素交织在一起形成有机统一,共同构成特定空间的主旋律
水体与绿化	水体和绿化是公共空间设计中尤为重要、不可忽视的构成要素,它们以各自不同的表现形态展现着自身的独特魅力,点、线、面、体等各种基本形态要素都会有可能通过水体和绿化得到充分体现。水体和绿化也都蕴含着内在的生命活力,相对于空间环境整体来讲,更是一种较为含蓄的动、静结合

---

① 划分这种空间动静位置的工作就称之为功能分区,成为构成空间形态的基础。显然,空间的动线左右着空间的整体组织和使用功能,影响到空间的动静划分和区域分布。

图 3-28　斜向空间带来的上升动感

第四节　公共艺术设计的空间组织

一、空间的基本关系类型

(一)包容关系

包容关系是指一个相对较小的空间被包含于另外一个较大的空间内部,这是对空间的二次限定,也可称为"母子空间"。二者存在着空间与视觉上的联系,空间上的联系使人们行为上的联想成为可能,视觉上的联系有利于视觉空间的扩大,同时还能够引起人们心理与情感的交流。一般来说,子空间与母空间应存在着尺度上的明显差异,如果子空间的尺度过大,会使整体空间效果显得过于局促和压抑。为了丰富空间的形态,可通过子空间的形状和方位的变化来实现,如图 3-29 所示。

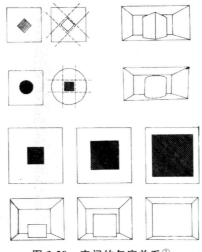

图 3-29　空间的包容关系①

(二)邻接关系

邻接关系是指相邻的两个空间有着共同的界面,并能相互联系。邻接关系是最基本与最常见的空间组合关系。它使空间既能保持相对的独立性,又能保持相互的连续性。其独立与连续的程度,主要取决于邻接两空间界面的特点。界面可以是实体,也可是虚体。例如,实体一般可采用墙体,虚体可采用列柱、家具、界面的高低、色彩、材质的变化等来设计,如图 3-30 所示。

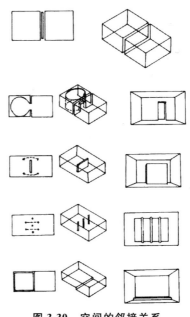

图 3-30　空间的邻接关系

①　本节手绘图选自:李蔚青.环境艺术设计基础[M].北京:科学出版社,2010

（三）穿插关系

1.空间穿插关系释义

穿插关系是指两个空间相交、穿插叠合所形成的空间关系。空间的相互穿插会产生一个公共空间部分，同时仍保持各自的独立性和完整性，并能够彼此相互沟通形成一种你中有我、我中有你的空间态势。两个空间的体量、形状可以相同，也可不同，穿插的方式、位置关系也可以多种多样。

2.空间穿插的表现形式

空间的穿插主要表现为以下三种形式。

（1）两个空间相互穿插部分为双方共同所有，使两个空间产生亲密关系，共同部分的空间特性由两空间本身的性质融合而成。

（2）两个空间相互穿插部分为其中一空间所有，成为这个空间中的一部分。

（3）两个空间相互穿插部分自成一体，形成一个独立的空间，成为两个空间的连接部分，如图 3-31 所示。

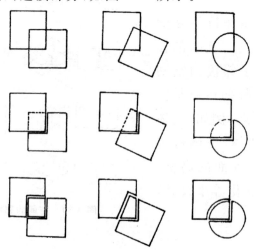

图 3-31 空间的穿插关系

(四)过渡关系

过渡关系是指两个空间之间由第三个空间来连接和组织空间关系,第三个空间成了中介空间,主要对被连接空间起到引导、缓冲和过渡的作用。它可以与被连接空间的尺度、形式等相同或相近,以形成一种空间上的秩序感;也可以与被连接的空间形式完全不同,以示它的作用。

过渡空间的具体形式和方位可根据被连接空间的形式和朝向来确定,如图 3-32 所示。

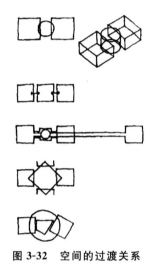

图 3-32 空间的过渡关系

二、空间的组合方式

空间的组合方式,主要有集中式、放射式、网格式、线式和组团式五种。

(一)集中式

集中式空间组合通常表现为一种稳定的向心式构图,它由一个空间母体为主结构,一系列的次要空间围绕这个占主导地位的中心空间进行组织(图 3-33)。[①]

图 3-33 空间的集中式组合

集中式空间组合方式的运用,如图 3-34 和图 3-35 所示。

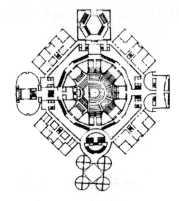

图 3-34 孟加拉国议会大厦

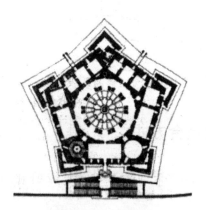

图 3-35 法尔尼斯宫

---

① 处于中心的主导空间一般为相对规则的形状,如圆形、方形或多角形,并有足够大的空间尺度,以便使次要空间能够集中在其周围;次要空间的功能、体量可以完全相同,也可以不同,以适应不同功能和环境的需要。通常,集中式组合本身没有明确的方向性,其入口及引导部分多设于某个次要空间,交通路线可以是辐射式、螺旋式等。

（二）放射式

放射式空间组合方式由一个主导的中心空间和若干向外放射状扩展的线式空间组合而成（图 3-36）。集中式空间形态是一个向心的聚集体，而放射式空间形态通过现行的分支向外伸展。

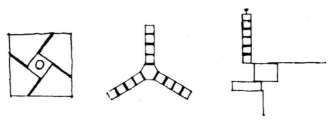

图 3-36　空间的放射式组合

放射式空间组合也有一种特殊的变体，即"风车式"的图案形态。它的线式空间沿着规则的中央空间的各边向外延伸，形成一个富于动感的"风车"图案，在视觉上能产生一种旋转感，如图 3-37 和图 3-38 所示。

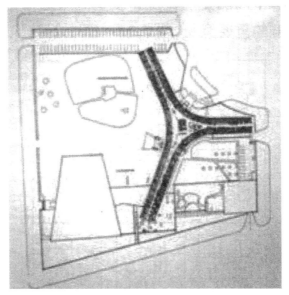

图 3-37　联合国教科文组织秘书处大楼

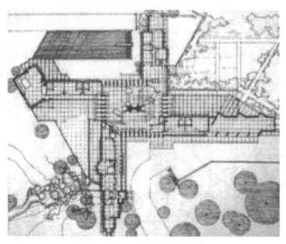

图 3-38　H. F. 约翰逊住宅

(三)网格式

网格式空间组合是空间的位置和相互关系受控于一个三度网格图案或三度网格区域(图 3-39)。网格的组合力来自于图形的规则和连续性,它们渗透在所有的组合要素之间。

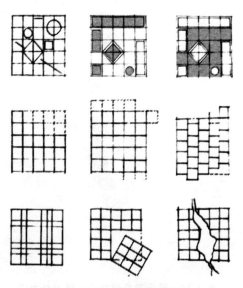

图 3-39　空间的网格式组合

由于网格是由重复的模数空间组合而成的,因而空间可以削减、增加或层叠,而网格的同一性保持不变,具有组合空间的能力,如图 3-40 和图 3-41 所示。

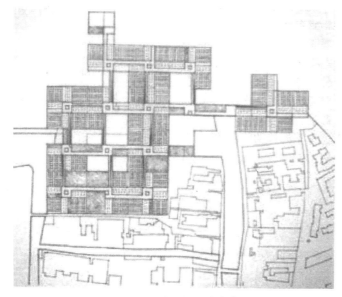

图 3-40 威尼斯医院方案

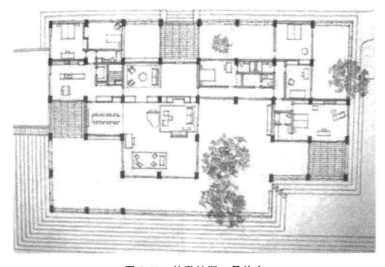

图 3-41 勃逊纳斯一号住宅

(四)线式

线式空间组合是指由尺寸、形式、功能性质和结构特征相同或相似的空间重复出现而构成(图 3-42)。也可将一连串形式、尺寸和功能不相同的空间,由一个线式空间沿轴向组合起来。

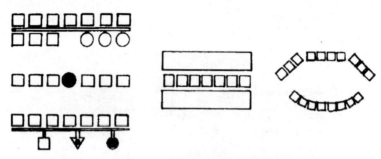

图 3-42 空间的线式组合方式

　　线式空间组合可以终止于一个主导的空间或形式,或者终止于一个特别设计的清楚标明的空间,也可与其他的空间组织形态或场地、地形融为一体。这种组合方式简便、快捷,适用于教室、宿舍、医院病房、旅馆客房、住宅单元、幼儿园等建筑空间,如图 3-43和图 3-44 所示。

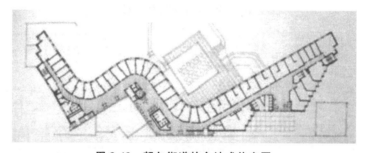

图 3-43 朝向街道的台地式住宅图

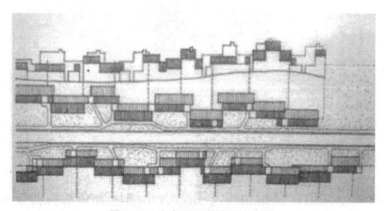

图 3-44 麻省理工学院贝克大楼

(五)组团式

组团式空间形态通过紧密连接使各个小空间之间相互联系,进而形成一个组团空间(图 3-45)。[1] 组合式空间形态的图案并不是来源于某个固定的几何概念。因此,空间灵活多变,可随时增加和变化而不影响其特点。[2]

图 3-45　空间的组团式组合

空间所具有的特别意义,必须通过图形中的尺寸、形式或朝向显示。在对称及有轴线的情况下,可用于加强和统一组团式空间组织的各个局部来加强或表达某一空间或空间组群的重要意

---

[1]　每个小空间一般具有类似的功能,并在形状、朝向等方面有共同的视觉特征,但其组团也可采用尺度、形式、功能各不相同的空间组合,而这些空间常要通过紧密连接和诸如对称轴线等视觉上的一些规则手段来建立关系。

[2]　李蔚青. 环境艺术设计基础[M]. 北京:科学出版社,2010

义,如图 3-46 和图 3-47 所示。

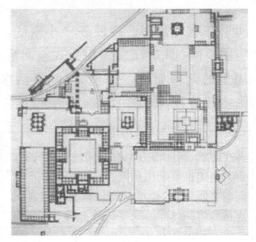

图 3-46 印度莫卧儿大帝的宫殿

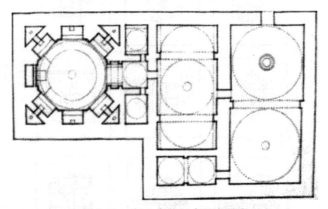

图 3-47 叶尼-卡普里卡温泉浴室

第四章　公共艺术与环境设计

近些年来,公共艺术与环境中的各个侧重点设计不断地发展,本章主要对城市各种类型的公共艺术与环境设计进行详细的论述,其内容包括广场景观设计、居住区景观设计、商业街区景观设计、公共室内置景与地景造型设计以及公共装饰艺术。

第一节　广场景观设计

一、城市广场

城市广场通常是城市居民社会生活的中心,主要是供人们活动的空间。在城市广场周围常常分布着行政、文化、娱乐、商业及其他公共建筑。广场上布置设施和绿地,能集中地表现城市空间环境面貌。

城市广场根据不同的形式与规定其表现作用不同:如处于城市干道交会的位置,广场主要起组织交通作用;而更多的广场则是结合广大市民的日常生活和体憩活动,并为满足他们对城市空间环境日益增长的艺术审美要求而兴建的。

(一)形式表达:城市广场的构成与表现

1.城市广场的构成型式

城市广场的构成型式主要有围合空间广场、焦点空间广场、半开敞空间广场和粘滞性空间广场。它们直接影响着城市居民的生存与活动空间。

（1）围合空间广场

围合空间是城市最基本的分区单位，它所界定的区域之外往往是高速行驶的车辆，之内则是安静并适合人体尺度的广场、中庭或院落。正是与繁忙的交通相比，这种围合空间港湾般的宁静及其文化价值才得以显现。

（2）焦点空间广场

焦点空间是一种带有主题性的围合空间。它给许多场所增添了色彩，但是，当城市的膨胀使原本与之匹配的景致过度变更甚至不复存在的时候，焦点的标志物便成为一件不起眼的老古董了。焦点空间广场通常以人为空间占有形式，如以雕塑或雕塑化的建筑物而展现，它使热闹的街市或广场更具有特性，表明了这就是"那个场所"的特指意味。

（3）半开敞空间广场

半开敞空间广场是指连接两种类型空间的直接、自由的通道，诸如与建筑物相连接的廊道和对外敞开的房间。半开敞空间广场往往存在于繁华的市井之外并远离喧闹的交通要道。这一地带常常是景色宜人，光线柔和，空气中弥漫着花园植被的芬芳，人们在这里有一种安全感和防御感。

（4）粘滞性空间广场

粘滞性空间广场指人群以静止和运动两种主要方式占有的空间。粘滞性空间广场是温情的场所，人们在这里漫步浏览橱窗、买报、赏花，同时也领略这里的风情，享受阴凉或阳光。

2. 城市广场的表现形式

广场在设计上，因受观念、传统、气候、功能、地形、地势条件等方面的限制与影响，在表现的形式与方法上有所不同，其表现形式大致可以分为以下两大类。

（1）规则的几何形

规则的几何形广场主要选择以方形、圆形、梯形等较规则的地形平面为基础，以规则几何形方式构建广场。规则几何形广场的中心轴线会有较强的方向感，主要建筑和视觉焦点一般都集中在中心轴线上，设计的主题和目的性比较强。其特点是地形比较整齐，有明确的轴线，布局对称。例如巴黎协和广场，如图4-1所示，它是巴黎最大的广场，位于巴黎主中轴线上，广场中间树立着一座23m高的方尖碑，四周设计八座雕塑，象征着法国八大城市，是典型的规则型布局方式。

图 4-1 法国巴黎协和广场

（2）不规则型

不规则型广场，有些是因为周围建筑物或历史原因导致发展受限，有些是因为地形条件受到限制，还有就是有意识地追求这种表现形式。不规则广场的选址与空间尺度的选择都比规则型的自由，可以广泛设置于道路旁边、湖河水边、建筑前、社区内等具有一定面积要求的空间场地。不规则广场的布局形式在运用时也相对自由，可以与地形地势充分结合，以实现对不同主题和不同形式美感的追求。

图4-2所示为意大利威尼斯圣马可广场。该广场平面由三个

梯形组成,广场中心建筑是圣马可教堂。教堂正面是主广场,广场为封闭式,长175m,两端宽分别为90m和56m。次广场在教堂南面,朝向亚德里亚海,南端的两根纪念柱既限定广场界面,又成为广场的特征之一。

图 4-2　圣马可广场

(二)城市广场的功能类别

城市广场是伴随着时代的变化而不断发展的,因此,其分类也因出发点不同而不同。[①] 按照广场主要功能分类进行阐述具体如下。

1. 市民广场

市民广场通常设置在市中心,平时供市民休息、游览,节日举行集会活动。市民广场应与城市干道连接紧密,能疏导车辆与行人交通的堵塞。市民广场应在设计时充分考虑活动空间的规划,

---

① 按照历史时期分类有古代广场、中世纪广场、文艺复兴时期广场、17 世纪及 18 世纪广场及现代广场。按照广场的主要功能分类有市民广场、建筑广场、纪念性广场、商业广场、生活广场、交通广场等。

如可以采用轴线手法或者自由空间构图布置建筑。

2.建筑广场

建筑广场是指为衬托重要建筑或作为建筑物组成部分布置的广场。例如巴黎罗浮宫广场、纽约洛克菲洛中心广场等。

3.纪念性广场

纪念性广场是指为纪念有历史意义的事件和人物而建设的广场。例如人民英雄纪念碑。纪念性广场的规划应符合所纪念的历史事件,其比例尺度、空间构图及观赏视线、视角的要求应根据实际运用而进行规划。

4.商业广场

商业广场是指在城市的商业区与文化娱乐区所设置的广场。其目的是供人们逛街时休闲和疏散人流。例如北京的王府井商业广场。

5.生活广场

生活广场是指设置在居民生活区域内的广场。它主要供居民锻炼、散步、休息时使用,因此面积通常不大。生活广场在设计时应综合考虑各种活动设施,并布置较多绿地。

6.交通广场

交通广场可分为道路交叉扩大的广场①和交通集散广场②。需要注意的是广场要有足够的行车面积、停车面积和行人活动面积,其大小根据广场上车辆及行人的数量决定;交通集散广场的车流与人流应合理组织,以保证广场上的车辆和行人互不干扰。

---

① 疏导多条道路交汇所产生的不同流向的车流与人流交通。
② 交通集散广场,主要解决人流、车流的交通集散,如影、剧院前的广场等。

二、广场景观的设计原则与实践

(一)广场景观设计的原则

城市广场景观设计的原则主要体现在以下几个方面。

1. 尺度适配

它根据广场不同使用功能和主题要求,而规定广场的规模和尺度。例如政治性广场和市民广场其尺度和规模都不一样。

2. 整体性

它主要体现在环境整体和功能整体两方面。环境整体需要考虑广场环境的历史文化内涵、整体布局、周边建筑的协调有秩以及时空连续性问题。功能整体是指该广场应具有较为明确的主题功能。在这个基础上,环境整体和功能整体相互协调才能使广场主次分明、特色突出。

3. 多样性

城市广场在设计时,除了满足主导功能,还应具有多样化性原则,它具体体现在空间表现形式和特点上。例如广场的设施和建筑除了满足功能性原则外,还应与纪念性、艺术性、娱乐性和休闲性并存。

4. 步行化

它是城市广场的共享性和良好环境形成的前提。城市广场是为人民逛街、休闲服务的,因此其应具备步行化原则。

5. 生态性

城市广场与城市整体的生态环境联系紧密。一方面,城市广场规划的绿地、植物应与该城市特定的生态条件和景观生态特点相吻合;另一方面广场设计要充分考虑本身的生态合理性,趋利避害。

(二)城市广场的面积设计

城市广场的面积大小及形状可以依托不同的要求进行设计,具体表现在以下两个方面。

1. 功能要求方面的设计

比如电影院、展览馆前的集散广场,其设计要求应满足人流及车流的聚散可以在短时间内完成。又如集会游行广场的设计要求应满足参与的人员在此聚集并在游行时间里让游行队伍能顺利通过。再如交通广场的设计应符合车流运行的规律和交通组织方式,同时还要满足车流量大小的要求,并且还要有相应的配套设施如停车场和基础公用设施等。

2. 观赏要求方面的设计

在形体较大的建筑物的主观赏面方向,适宜设置与其形体相衬的广场。若在有较好造型的建筑物的四周适当的为其配置一些空场地或借用建筑物前的城市街道则可以更好地来展示建筑物的面貌。而建筑物的体量与配套广场之间的关系,可根据不同的要求,运用不同的手段来解决。有时打破固有模式,调整建筑物与广场之间大小比例关系,更能凸显建筑物高大的形象。

(三)地面铺装的设计

地面铺装是广场设计的重要部分,由于广场地铺面积比较大,在整体视觉感受上,它的形状、比例、色彩和材质,直接影响到广场整体形象和精神面貌以及各局部空间的趣味。地面铺装的要素设计主要体现在以下几个方面。

1.图案设计

在采用一些较为规则的材料铺设与视平线平行或垂直的直线时,往往能够扩展游人对深度和宽度的感知,增加人们的空间概念。图案的形状及其铺装也会带给人不同的感受,单数边的图形往往动感较强,多出现在活动区的场地铺设中,而规则的偶数边形状常常给人稳重、安静的感觉。此外,应用于场地铺装的图案应当尽可能简单明确、易于识别和理解,切不可设计得过于烦琐而使游人理解不到设计者的意图。如果铺装材料自身尺度较大,有较大的面积可以设置图案,也不宜设计得过于复杂,而应以表现材料自身的质感美为主(图 4-3)。

图 4-3　广场地面图案设计

2.质感设计

广场的场地铺设不同于室内的场地铺设,它所处的大规模的外部空间有着更为广阔的意义。例如自然石材的运用可以使空间贴近自然,让游人倍感亲切和放松;人工石材的选择虽缺乏自然石材的天然质朴,却处处体现出现代社会的科技含量。在进行广场场地铺设时,要根据空间大小选择不同质感的铺设材料。通常如麻面石料和花岗岩等质感较为粗糙的材料,适合大空间的场地铺设(图 4-4)。此类材料因表面较为粗糙而较易吸收光线照射和广场噪声,因石材彼此间的较大空隙也较易吸收场地积水。对于小空间来讲则恰恰相反,圆润、精巧且体量较小的卵石等质感细腻的材料能给人以舒畅、精细的亲切之感,同时材料自身不规则的形态也丰富了场地的层次。

图4-4　城市广场地面(花岗岩)

3.色彩设计

色彩是营造广场气氛、切合广场主题的一种最为有效的手段。从广场整体环境出发铺装的色彩一般在广场中不作为主景存在,只是作为衬托各个景点的背景使用,因此其设计应当同整个广场的环境相协调,同各个区域的应用主题相吻合。例如儿童活动区可从儿童的属性出发,运用活泼明朗的纯色铺装材料和简单规则的铺装形式;安静休息区中应当采用具有宁静安定气氛的、色彩柔和的铺装材料和铺装形式。

4.排水性设计

在具有一定坡度的场地和道路上要考虑排水设计。通常情况下,可以铺装透水性花砖或透水性草皮来解决这一问题,以免因道路积水而影响游人正常行进。

5.视觉性设计

通过铺装所采用的不同线条形式,起到指引游人的作用。直线型线条能使游人视觉产生前进性,从而引导游人深入前进。众多线条呈现出一定的汇聚性并最后交结于某一景观的形式则是引导游人向景观处聚集观赏。

(四)绿化设计

由于广场性质有所不同,绿化设计也应有相应的变化或相对独立的特点来适应主题,不能千篇一律、形式单一,或随意种植、凌乱无序的为绿化而绿化。具体的绿化手法和植物品种选择,要根据地域条件、文化背景、广场的性质、功能、规模及植物养护的成本和周边环境进行综合考虑,结合表现主题,运用美学原理进行绿化设计。例如文化广场常侧重简洁自然、轻松随意,因此设计过程中可以多考虑铺装与树池以及花坛相结合等形式。对植物品种要进行科学合理的选择,对植物品种的性能、特点、花期的长短要有充分的了解,同时对种植的环境要从性质上相适应(图4-5)。

图4-5　某城市广场的绿化设计

（五）雕塑设计

雕塑是一种雕刻的立体艺术，它需要根据不同类型的主题因素进行塑造，因此，它具有强烈感染性的造型。对广场雕塑进行设计时，需要根据广场的类型及主题进行塑造，使它与整个广场空间环境相融合，并成为其中的一个有机组成部分。例如广场和道路休息绿地可选用人物、几何体、抽象形体雕塑等，如图 4-6 所示。在对雕塑的位置、质感、形态、尺度、色彩进行考虑时，需要结合各方面的背景关系，从整体出发，不能孤立地考虑雕塑本身。

由于现代城市广场在设计上需要重视环境的人性化特征和亲切感，因此，其雕塑的设计应以亲近人的尺度为依据，尽量在空间上与人在同一水平线上，从而增强人的参与感。

图 4-6　广场雕塑

（六）水景设计

广场水景主要以水池、叠水、瀑布、喷泉的形式出现。广场水景的设计要考虑其大小尺度适宜。在设计水体时，不要漫无边际地设计大体量水体景观，避免大水体的养护出现困难。相反，一些设计精致、有趣、易营建的小型水体，颇能体现出曲觞流水的设计美感。

喷泉是广场水景最常见的形式,如影视喷泉,在巨大的面状喷泉水幕上投放电影,通过其趣味性的成分增加喷泉的吸引力,使其成为广场重要的景观焦点,如图 4-7 所示。设置水景时要考虑安全性,应有防止儿童、盲人跌撞的装置,周围地面应考虑排水、防滑等因素。

图 4-7　影视喷泉

(七)小品设计

广场小品设计主要指独立的小型艺术品设计,如花架、灯柱、座椅、花台、宣传栏、小商亭、栏杆、垃圾桶、时钟等。小品在广场设计中起到了画龙点睛的作用,它能够起到强化空间环境文化内涵的作用,因此,它的设计要结合该城市的历史文化、背景,并寻找具有人情风貌的内容进行艺术加工。广场小品的材质、色彩、质感、造型、尺度等运用要符合人体工学原理。例如小品的色彩是广场上活跃气氛的点睛元素;小品的尺度要在符合广场大环境的尺度关系下,呈现出适度比例关系,符合人们审美经验和心理的度量;小品的造型则要统一于广场总体风格,统一中有变化,丰富而不显零乱(图 4-8)。

图 4-8　城市广场小品

第二节　居住区景观设计

一、居住区

(一)居住区住宅的类别分析

居住区建筑在居住环境中占有相当重要的地位,它通常由住宅建筑和公共建筑两大类构成。其中,住宅在整个住宅区建筑中占据主要比例。居住区中常见住宅一般可分为低层住宅(1~3层)、多层住宅(4~6层)、中高层住宅(7~9层)和高层住宅(9层以上)。

1.低层

低层住宅又可分为独立式、并列式和联列式三种。目前城市用地中,以开发多层、中高层、高层住宅为主,低层住宅常以别墅形式出现,如一块独立的住宅基地则可建成比较高档的低层住宅。

2.多层

多层住宅用地较低层住宅节省,是中小城市和经济相对不发达地区中大量建造的住宅类型。多层住宅的垂直交通一般为公共楼梯,有时还需设置公共走道解决水平交通。从平面类型看,多层住宅有梯间式、走廊式和点式之区分。

3.高层

高层住宅垂直交通以电梯为主、楼梯为辅,因其住户较多,而占地相对减少,符合节约土地的国策。尤其在北京、上海、广州、深圳等特大城市,土地昂贵,发展高层乃至超高层是迫不得已的事情。在规划设计中,高层住宅往往占据城市中优良的地段,组团内部、地下层作为停车场,一层做架空处理,扩大地面绿化或活动场地,临街底层常扩大为裙房,作商业用途。从平面类型看,有组合单元式、走廊式和独立单元式(又称点式、塔式)之区别。

(二)布局类型与表现

居住区的布局通常考虑地理位置、光照、通风、周边环境等因素,因地制宜,这也使得居住区的整体面貌呈现出多种风格。

1.片块式布局

片块式布局的住宅建筑在形态、朝向、尺寸方面具备较多的相同因素,不强调主次关系,建筑物之间的间距也相对统一,住宅区位置的选择一般较为开阔,整体成块成片,较为集中。

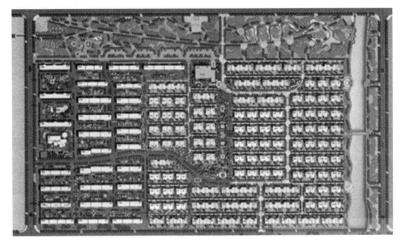

图 4-9　片块式小区布局

2.向心式布局

向心式布局,指的是住宅区建筑物围绕着占主导地位的要素组合排列,区域内有一个很明显的中心地带。

图 4-10　向心式小区布局

3.集约式布局

集约式布局是将居民住宅和公共配套设施集中紧凑布置,同时开发地下空间,利用科技使地上地下空间垂直贯通,室内外空间渗透延伸,形成一种居住生活功能完善,同时又节省建筑空间的集约式整体模式。

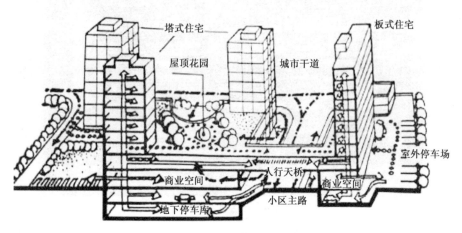

图 4-11　集约式小区布局

4.轴线式布局

空间轴线具有极强的聚集性和导向性,通常以线性道路、绿带以及水体构成,住宅区沿轴线布局,或对称,或均衡,起到了支配全局的作用。

图 4-12　轴线式小区布局

5.自由式布局

自由式布局没有明显的组合痕迹,建筑物与各种设施之间的排放较为自由,形态变化较多,与中国传统园林的构园模式有些许相似之处,体现出一种生动自然的状态。但在实际生活中,为了方便居民生活,这种自由式布局采用的情况相对较少。

二、居住区景观设计实践

(一)居住区绿地景观设计的功能、原则与实践

城市居住区的绿地是指居住小区或住宅区范围内,住宅建筑、公建设施和道路用地以外用于布局绿化、园林建筑及小品,从而提高居民居住的生活质量。住宅区环境的绿地规划构成了城市整个绿地系统点、线、面上绿化的主要组成部分,是最接近居民的最为普遍的绿地形态。

1.绿地景观的功能

居住区绿地的景观与居民的生活密切相关,住宅区绿地的功能能否满足人们日益增长的物质、文化生活的需求,遂成为当今城市居住用地规划所解决的首要问题。因此,住宅区绿地的功能可以大致概括为"使用功能、景观功能、生态功能、文化功能"四个方面。

(1)使用功能

居住区绿地具有突出的实用价值,它是形成住宅区建筑通风、日照、防护距离的环境基础,特别是在地震、火灾等非常时期,有疏散人流和避难保护的作用。住宅区绿地有极高的使用效率,户外生活作为居民必不可少的居住生活组成部分,凭借宅前宅后的绿地、组团绿地或中心花园,可以充分自由地开展丰富多彩的绿地休闲、游园观赏活动,有利于人们的康体健身。

（2）景观功能

居住区的绿化除了美化环境，还可以遮盖不雅观的环境物，以绿色景观协调整体社区环境。因此，住宅区绿地是形成视觉景观空间的环境基础。

（3）生态功能

在炎夏静风状态下，绿地能促进由辐射温差产生的微风环流的形成。这是因为绿地能有效地改善住宅区建筑环境的小气候。[①] 因此，住宅区的绿地在设计时，主体可以选用植物，它们可以相对地起到净化空气、吸收尘埃、降低噪声的作用。

（4）文化功能

居住区的绿地景观，要以创建文明社区的基本标准为主，还要求具有配套的文化设施和一定的文化品位。一个温馨的家园不仅是视觉意义上的园林绿化，还必须结合绿地上的文化景观设施来统一评价。这种绿化与文化设施（如园林建筑、雕塑、水景、小品等）共同形成的复合型空间，有利于居民增进彼此间的了解和友谊，有利于教育孩子、启迪心灵，有利于大家充分享受健康和谐、积极向上的社区文化生活。

2.居住区绿地景观设计的原则要求

居住小区绿地设计时，首先必须分析居住小区使用者数量、年龄、经济收入、文化程度和喜好等。不同阶层的使用者对居住小区景观规划设计的需求也会有明显的差别，主要体现在以下几方面。

（1）准确定位

在进行景观规划设计时，首先必须考虑用地规模和地价等土地适用性评价。其次确定服务对象，有针对性地来设计居住小区景观。

---

① 其范围包括遮阳降温、防止西晒、调节气温、降低风速等。

（2）周边环境资源的利用和再开发

居住小区周边环境包括地理交通、历史渊源、文化内涵和自然生态环境等。建筑是居住环境的主体元素，它能实现理想居住小区的群体空间。居住小区的景观在设计时，可以借用多种造景手段①，如将居住小区周围的自然、人文景观等融入居住小区的景观序列中，从而创造出居住小区宜人的自然山水景观。

（3）可持续发展原则

受不同形态基地内的原有地形地貌的影响，在对居住小区景观环境进行设计时，首先应在尊重原有自然地形地貌条件下，实现"可持续发展"的思想，从而与维护和保持基地原有自然生态平衡的基础上进行布局设计。

（4）居住小区景观的渗透与融合

在整体设计中，应遵循城市大景观与居住小区小景观相互相协调的原则。例如将小区的景观设计作为对城市景观设计的延伸和过渡，可以使人们从进入居住小区到走入居室，始终置身于愉悦身心的生态环境中。此外，还可以通过合理运用园林植物将园林小品、建筑物、园路充分融合，体现园林景观与生活、文化的有机联系，并在空间组织上达到步移景异的效果。

3. 居住区绿地景观设计的要求

居住区绿地景观设计应以宅旁绿地为基础，公共绿地为核心，道路绿地为网络，公共设施绿地为辅，使小区绿地自成系统，并与城市绿地系统相协调。居住小区规划设计规范规定新区建设绿地率不应低于 30%；旧区改建不宜低于 25%；各绿地的入口、通路、设施的地面应平缓、防滑，有高差时应设轮椅坡道和扶手；绿化要求做到尽量运用植物的自然因素，保持居住小区四季都有生机。

---

① 设计必须结合周边环境资源，借势、造势，形成别具一格的景观文化。

4. 居住区植物的配置与选择

居住区植物的配置选取,需要充分考虑绿化对生态环境的作用和各种植物的组织搭配产生的观赏功能,同时还要因地制宜,选取符合植物生长习性的品种,以科学的方案构建出和谐的园林之美。

(1)居住区植物的配置原则

层次性和群体性原则。居住区的绿化要重视植物的观赏功能,植物配置要有层次性和群体性的特征。具体来讲,应该将乔木与灌木相结合,将常绿植物与落叶植物相结合,将速生植物与慢生植物相结合,并适当点缀一些花卉、草坪,从空间上形成错落有致的搭配,时间上体现出季相和年代的变化,从而创造出丰富优美的居住环境。

符合植物的生长习性的原则。在一定的地区范围内都有符合当地生态气候的植物和树种,居住区内植物的选择要符合它们的生长习性,否则会产生"橘生淮南则为橘,生于淮北则为枳"的不良后果。选择符合该地区生长习性的植物种类才能在日后的生长过程中产生良好的生态与观赏效益,同时也便于集中管理。

多种栽植方法的原则。各种植物的栽植,除了在小区主干道等特定区域要求以行列式栽植以外,通常会采用孤植、丛植、对植相结合的方式,创造出多种景观构造。植物选取的种类不宜过多,但尽量不采取雷同的配置,应该保证其形态上的多样化和整体上的统一性。

提高绿地生态效益的原则。居住区环境质量的提高很大程度上归功于绿色植物产生的生态功能,绿色植物能有效降低噪声污染、净化空气、吸滞烟尘。绿化过程中,在保证植物观赏功能的基础上,应侧重其生态环境方面的作用。一般通过对植物种类的选取和植物的组合配置就能产生较好的生态环境效益。

图 4-13　居住区的植物配置

（2）居住区植物的选择

其一，乡土树种为主。人们通常将一个地区内较为常见、分布广泛、生命力顽强的树木称为乡土树种，它们的成活率很高，在比较长的历史时期内都能健康生长。居住区树种的选择通常以这种"适地适树"的乡土树种为主，既降低了栽植的难度，还能节省运输成本、便于管理。同时，也应该积极引进经过驯化的外来植物种类，以弥补乡土植物的不足。

其二，以乔灌木为主。乔木和灌木是城市园林绿化的主体植物种类，给人以高大雄伟、浑厚翁郁的感受。居住区植物的选取同样以乔灌木为主，同时以各种花卉和草本进行点缀、地表铺设草坪，它们的合理搭配能形成色彩丰富、季相多变的整体植物群落，能产生很好的生态环境效益。

其三，耐阴和攀缘植物。由于居住区内建筑较多，会形成许多光照较少的阴面，这些区域内应选择种植一些耐阴凉的植物，如玉簪、珍珠梅、垂丝海棠等都是其中的代表。另外，攀缘植物在居住区绿化中也有十分广泛的应用，在一些花架和墙壁上，通常会种植常春藤、爬山虎、凌霄等攀缘植物。

图 4-14 居住小区墙面的爬山虎

其四,兼顾经济价值。居住区绿化应首先考虑植物的生态功能和观赏功能,有便利条件的地区还可以在庭院内种植一些管理比较方便的果树、药材等,在收获的季节不仅丰富了小区的景观,还能产生一定的经济效益。

(二)居住区道路及铺地景观设计

居住小区道路按功能需求分为三类:一是小区级路,即采用人车混行方式,其路面宽度一般为 6~9m;二是组团级路,即接小区路、下连宅间小路的道路,一般以通行自行车和人行为主,路面宽度一般为 3~5m;三是宅间小路,即住宅建筑之间连接各住宅入口的道路,主要供人行,路面宽度不宜小于 2.5m。

小区的游步道的设置应宜曲不宜直,宜窄不宜宽,要考虑到道路本身的美感,如材质的不同质感和肌理对居民的审美感受。同时要严禁机动车辆通行,保证居民走在其中安全、放松、舒适。①

---

① 小区道路转弯处半径 15m 内要保证视线通透,种植灌木时高度应小于 0.6m,其枝叶不应伸至路面空间内。人行步道全部铺装时所留树池,内径不应小于 1.2m×1.2m。

居住小区铺地主要是车行道、人行道、场地和一些小径,除满足舒适性、方便性、可识别性等需求外,还要创造具有美感的铺装效果。例如小区行车道路铺地材料一般主要以沥青或水泥为主。而绿地内的道路和铺装场地一般采用透水、透气性铺装,栽植树木的铺装场地必须采用透水、透气性铺装材料。

(三)居住区标志性景观及设施设计

每一个住宅小区都有自己的标志性景观形象,它反映了一个小区的设计理念和文化。标志性景观形象其外观形态有多种表现形式,常见的有雕塑形象、建筑壁画等。另外,居住小区一般都会有娱乐设施,它包括成人健身、娱乐设施和儿童娱乐设施等。娱乐设施要与住宅区间隔 10m 以上,防止噪声,特别是儿童娱乐设施,要建造在阳光充足的地方,有可能的话尽量设置在相对独立的空间中。

亭、花架的设计。亭、花架既有功能要求又具有点缀、装饰和美化作用,最主要起到供人们休憩的作用。例如传统的亭、花架建筑材料以竹、石、砖瓦等为主,见图 4-15,并配以特有的装饰色彩。花架能分隔空间、连接局部景物,攀缘蔓类植物再攀附其上,既可遮阴休息,又可点缀园景。

图 4-15　园林小品

入口是小区的门面,直接反映出小区的档次。入口的表现形式多种多样,风格大体分为中式、欧式、现代式、田园式等,材料以各种建材和金属为主。

照明是小区设计的重要景观构成要素之一,它在满足照明的功能基础上,还能起到衬托景观的作用。所以在照明设计上,要充分利用高位照明和低位照明相互补充,路灯、泛光灯、草坪灯、庭院灯、地灯等相互结合,营造富有目的和氛围的灯光环境。

标识牌、书报栏是小区信息服务的重要组成部分,也是体现小区文化氛围的窗口。

此外,小区中一般都设有标牌,其目的是引导人们正确识别线路,尽快到达目的地,为居民带来舒适和便利。标识牌可以笼统的分为六大类:定位类、信息类(图 4-16)、导向类、识别类、管制类和装饰类。标识牌的指示内容应尽可能采用图示表示,说明文字应按国际通用语言和地方语言双语表达。

图 4-16　小区内的信息牌

(四)居住区水景设计

小区中水景设计的主要表现方式有喷泉(图 4-17)、溪流、池水、叠水等。水景设计时,要充分考虑儿童的活动范围及安全性。因此,设计时既要符合儿童喜欢戏水的天性,又要适于他们的尺度。例如水位稳定的池塘,石面要比水面高出 10～20cm,这样使得安全上可靠,而且夏天儿童还能在水中嬉戏。需要注意的是,水中的石块或水泥制品放置于水中时一定要稳固。

图 4-17　小区喷泉

第三节　商业街区景观设计

一、商业步行街的设计及装饰元素

(一)商业步行街的设计要求

现代商业步行街或步行区是欧美城市更新的产物,1930 年修建的德国埃森市林贝克林荫步行街是现代步行街的雏形,在欧美,设立步行街区的目的是复兴都市机能,吸引人回到街上,创造丰富的社会生活。在西方，步行街区用地通常有两种来源，一是城市区域功能改变而遗留的消极空间，二是受汽车交通影响而日渐衰败的商业街。

在中国城市当中，步行街区通常是商业性质的，较少休闲类，当然也不缺像温州欧洲城这样集商贸、居住、步行街于一体的设计。首先要满足商业的需求，商业经营效益应放在首位，商业的繁荣、较高的效益、充足的人气，都来源于环境设计的综合质量上。但过度的商业化反而造成空间的单一性而失去对人流的吸引力，可见处理好商业步行街，不能从地产商单纯的容积率出发。

1.交通系统化

机动车的干扰，车道的不断拓宽使商业气氛被冲乱阻断，过分流畅的交通也使人无从驻足，单一功能的交通集散地，无商机可言，对于步行商业街来讲，通过外部交通规则进行机动车分流，依靠周围街道提供停车场地的平面分流的方式是可行的，但对于步行商业街区来讲，立体分流的措施是必需的，否则就会使街区周围交通陷于混乱，因此设立地下机动车交通和停车系统，结合公交枢纽的开发，有时，抬高步行地面标高，形成空中步行街区成为大规模开发建设项目的一种方式（如巴黎德方斯新区、香港中环室内步行系统）、地下步行系统（如日本大阪），室内步行街的兴起更是为步行街区注入了新的内涵，由此产生了全新的城市景观。

当今中国的交通也有着自己的特色，机动车持续增长的同时，非机动车的保有量依然巨大，要妥善解决机动车与自行车停车问题，应考虑采取入地或立体方式进行停车安排，步行街区对自行车的控制往往力不从心，这主要是由于当地居民的出行方式所致，因此，与其千篇一律地采取封闭的形式，不如采用行人与自行车共存的路面设计，结合景观设计，规范自行车的行车路线及停放区域。

2.功能综合化

商业多模式化，步行街区的人流类型是各种各样的，除了购物、逛街、餐饮之外,还有旅游、休闲娱乐、社交、顺道通过等,大型商场与小型特色商铺结合。吸引不同类型的人群,保持商业街区旺盛的人气。此外,将商业与办公服务、居住等功能复合可以合理利用城市资源,缓解交通压力和能源的浪费,并创造多样而生动的城市景观,比如,商业街可以拥有就近固定的服务人群以提高经济效益;居住和办公服务也因为有完善的商业配套而提升区位优势,为办公服务配置的停车场在晚间可以向步行街开放。

空间形象生动,对于生活化的步行空间来讲,参差多态是生活的本源,建筑的高度、长度,街道的宽度是形成步行景观空间特色的重要因素。丹麦规划学家让·盖尔认为:"为了有效利用街道和广场而创造生机勃勃的空间,有时需要适当的狭窄。"

(二)商业街区的环境构成与发展趋势

1.商业街区的环境构成

(1)系统化——纳入城市系统

将购物环境从配置、经营、型式、形态各方面均须与城市社会系统、规划布局、交通体系相配合。

(2)综合化——综合多种功能

按照现代社会消费需求、生活方式特点将购物与饮食、娱乐、文化、健身、休憩等多种功能综合配置。

(3)步行化——优化步行交通

在购物环境区域按照保证步行购物的安全、舒适原则处理车流与步行分离,考虑步行交通空间的设计。

(4)景观化——组织环境景观

在保证使用功能的同时组织环境景观、绿化配置、水景、路面铺地、雕塑小品、盆栽棚架为城市添景。

(5)设施化——完善公用设施

为满足购物活动行为需求,从安全、卫生、交通、休息等行为所需的设施设置上完善环境条件。

（6）信息化——提供信息交换

将购物环境视作社会信息交流、沟通消费与市场促销平台，为增强社会公众交往需求提供信息。

2.商业街区的发展趋势分析

（1）复合化

大多数商业设施由单一的商品销售、饮食设施发展成为具有商品销售、娱乐、住宿等复合型设施。这样的功能复合化倾向可以吸引更多的客人前来光顾。但是这样必然会造成商业设施的大型化，由此相应增加了实现各种建筑计划的难度。

（2）娱乐化

商业设施内设置剧场、电影院以及其他可以让客人乐在其中的娱乐设施，可以给商业设施带来巨大的魅力，由此推进商品的销售和餐饮服务的发展。

（3）商业空间的魅力化

在商业设施中创造出具有独特魅力的空间，这样的尝试早在20世纪60年代就开始了。当时的一些百货商店设置了独特的玻璃中庭，创造出一个可以让顾客感受到舒适、独特的内部空间，可以让商业设施具有自身鲜明的特色，能够吸引更多的顾客。

（4）周边环境融为一体

以往的商业设施注重设施内部的设计，与外界空间完全封闭。现在许多大型商场开始打破这种封闭的空间，积极地利用周边的环境，力图给人一种开放、明朗的感觉。特别是坐落于海滨地区的商业设施，将美丽的海景、广阔的蓝天与建筑有机结合在一起，给人一种在钢筋丛林中难得感受到的特殊体验，不仅使商业设施本身更具有魅力，而且也使建筑物本身成了美丽的海滨景色的一部分。

（5）商业设施综合化

将各种各样的商店和娱乐设施组合排列在一起，形成一个巨大的商业娱乐中心。在这个商业中心内人们可以买到任何想买的商品,玩到各种想玩的娱乐项目。这种商业中心"街道"化的发展趋势正悄悄改变着人们逛街购物的休闲方式。因此,如何将"街道"引入到商业设施中来,"街道"本身又要如何设计,这些是设计者必须重点解决的问题。

(6)再生化

由于社会的发展,需求功能发生变化而被淘汰的建筑物可以通过修复、更新,将它们作为新的建筑物重新投入使用。将现存的建筑物通过再利用变成商业设施,主要是要赋予商业空间一种历史的厚重感。而今后的建筑的再生化主要是从节约资源、减少浪费的目的出发。

(7)商业形态更新化

商业形态中的特大型商业中心、低价销售俱乐部等,这种采用物流设施形态的商业设施开始在商业形态更新中出现。另外,把低价商店集合在一起形成一个大型低价购物商业街,也已成为一种商业形态登上了历史舞台。

(8)流通的合理化

由于POS(销售点管理系统)等情报通信设备的普及,以往的存储型生产、流通系统开始向现做现卖的商品供应系统发展。商品流通出现订货细分化、少量化、高频率化的新趋势,减少了商品的积压以及从订货到货物送到顾客手中的流通时间。而且,随着网络商务、电子货币结算系统的普及,订货、流通在时间、空间上实现了全球化倾向。为了提高物流质量,流通系统必须实现自动化,以确保生产、物流的顺利进行。

另外,在食品的加工、流通领域,要求实施 HACCP(Hazard Analysis Critical Control Point/危害分析关键管理点方式)。商业设施的设计要明确地区分物品流动和工作人员的移动路线,创造一个易于管理的空间。

(三)商业街区的装饰元素

1908 年,奥地利建筑师阿道夫·路斯在其名著《装饰与罪恶》

一书中将传统装饰视为旧意识和秩序的象征，它们被认为束缚新的功能和结构，阻碍了新观念的表达和人们新的审美感受。到文丘里《向拉斯维加斯学习》一书中对繁华的世俗化环境大加赞赏。研究可以发现装饰作为一种社会现象兼有技术与文化特性，向往装饰，追求装潢效果，表现了人们对美的追求。在任何时代任何文化体系里，人们总是表现出一种经久不衰的装饰冲动，不同时代的建筑装饰与其时代的技术文化背景息息相关，同时反映了时代的审美观念。

当代装饰元素已突破了现代主义饰面装修工程的范畴，出现了追求多样化、个性化、大众化的趋势，有历史主义装饰倾向、白色派装饰倾向、新洛可可装饰倾向、新乡土主义装饰倾向、高技派装饰倾向等。

在设计中我们将形态、色彩、质感以一定手法进行有目的地组合，形成某种视觉效果的单元构成装饰要素，主要有构成手法、移植手法、异化手法、互合式组合、并置式组合、拼贴式组合、注重新技术与情感的融合。

二、商业街区喷泉景观设计

(一)商业街区的水环境与喷泉艺术

水在人类的生活环境中起着举足轻重的作用，人类离不开水，自古以来城镇依水系而发展，商贸随水系而繁荣，古今中外造园，水体是不可缺少的，水是环境空间艺术创造的一个要素，水的形状可塑，水的状态多变，淙淙流水、蜿蜒小溪，或高处下落、奔腾磅礴、呼啸而下；或云、雨、雾、潺潺细流幽然而落，或为静水平和宁静、清澈见底，风吹则皱起春波，色映则渲染出红叶、雪景；又可喷射泉涌，动态的美，欢乐的源泉犹如珠玉喷吐，千姿百态，伴随着动态的是不同的声音效果，是生生不息的律动和天真活跃的生命力。

流水、跌水、瀑布、滚水、喷泉,各种水的形态与周围景物结合,人的心情随水的流淌而安逸,随水的跌落而激荡,随水的喷发而欣喜。在水音乐的飘散中,在光线的变化中,人的心情得到了舒解,环境的价值得到提升。

水在环境空间中可起到基底作用、系带作用、焦点作用,当水面不大但在整个空间中仍具有面的感觉。水面产生倒影,扩大和丰富景观空间,水面具有将不同散落的空间连接起来并产生整体感的作用,具有线型系带作用。喷涌的喷泉、跌落的瀑布等动态形式的水,它们的形态和声响能引起人们的注意,吸引人们的视线,起到焦点作用。

喷泉起源于希腊时代的饮用水源,到了罗马时代则产生了雕刻和装饰造型喷泉。随着时代的发展,它在现代的公园、宾馆、商业中心、广场、地下街道等处,配合雕塑小品,充满着青春活力和力度感;配合水下彩灯,和着和谐的音乐,给人以朝气蓬勃、欢快向上的环境氛围。喷泉增加空气中的负离子,有卫生和保健之功效,备受青睐,近年来又出现了运用新的科技手段制作的各种新型喷泉,形式丰富多彩。

（二）喷泉的分类

（1）自然仿生基本型:模仿花束、水盘、蜡烛、莲蓬、气瀑、牵牛花等。

（2）人工水能造景型:瀑布、水幕、连续跌落水跃式等。

（3）雕塑装饰型:具有雕塑、纪念小品样式。

（4）音乐喷泉型:与音乐一起协调同步喷水。

（三）喷水及其工艺流程设计

喷水设计其实本身也是环境设计的一部分,绝对不能脱离设置地点和周围环境生搬硬套。喷水工艺基本流程:水源（河流、塔井自来水）—泵房（水压若符合要求,则可省去,也可用潜水泵直接放于池内而不用泵房）—进水管—将水引入分水槽,以便喷头等在等压下同时工作—分水器、控制阀门（如边速电机、电磁阀等时控或音控）—喷嘴—喷出各中花色图案，再辅以音乐和水下彩灯，万紫千红，气象万千，美不胜收。

三、商业街区的景观照明设计

（一）原则要求

1.人性化与精品

灯光为人服务，所以所有的灯形、灯位、光色、亮度确定都应从人的活动出发，通过视线分析，结合眼睛的视觉反应及人的心理感受得出结论，最终实现以人为本的总体光环境。

从照明设计到灯具选型，都应树立精品意识，以质量而不是数量取胜，使用最好的产品实现最好的效果。

2.见光不见灯

在保证夜晚灯光效果的同时，考虑白天的效果，通过各种手段实现灯具的隐蔽，做到见光不见灯。

3.绿色照明、保护生态

使用高效、节能、长寿的灯具，避免能源的浪费，在灯具选型和灯具安装时，根据配光曲线进行光线分析，严格避免眩光和散溢光。

大部分的动植物在夜晚不喜光和热，为制造夜间光环境不应以破坏生态为代价，在设计中应避免使用大功率的投光灯对植物进行大面积的照明。

(二)夜景工程任务与设计手法

1.夜景工程任务

(1)提升商业街区夜间形象,为城市夜景增加亮点。

(2)为商业街创造高品质的灯光效果,在夜晚为人们提供舒适安全的休闲光环境。

2.夜景工程设计手法

(1)三个尺度。

根据服务对象的不同,按照三个层次的尺度划分,确立灯光体系的整体框架。

①城市尺度:构成城市天际线的高大建构筑物顶部。

②街道尺度:围墙、建筑市面和大型雕塑。

③近人尺度:路径、场地、水景和绿化。

(2)五个元素。

根据规划设计中的意向元素,按类别确定照明载体,为进一步的照明设计建立基础。

①地标。

②节点。

③界面。

④区域。

⑤路径。

(3)点线面结合。

(4)视线分析。

根据人的活动,从不同视点进行视线分析,按视野内的景观元素组成,确定灯光载体的重点表现部位,并按照对立统一的美学原则确定亮度及色彩的对比组合。

(5)分析光色及亮度分布。

(三)绿化照明手法及效果

1. 下射与上射照明手法

下射照明适合于盛开的花朵,因为绝大多数花朵都是向上开放的,常用带防眩光灯罩或内置防眩光漫射格网的低功率灯泡安装在花架或乔木上照射花卉或灌木。

上射照明与白天日光的照射方式完全相反,容易吸引人的注意力。灯具要安装在隐蔽的地方或者加装隐蔽设施,以免产生的眩光分散人的注意力,影响照明对象的观赏效果。上射照明是绿化照明技术中最常见的一种方法,有多种不同效果。

2. 掠射、漫射与点射照明

掠射是对于质感突出的景观或表面,在附近用与之成锐角的光束进行照射,可以产生强烈的阴影,具有突出表面质感的效果。

漫射是将灯光均匀的照射到绿篱针叶树隔离带上,以增加主要照明对象(如雕塑)与背景之间的视觉连续。

点射照明是射束锥角较窄、光强较大的"点射灯"光束可以用于弥补距离较远的景物照明的不足,或者形成一个强度密集的光圈围绕在景物周围。

3. 倒影、剪影与造影

要形成清晰的倒影,照射对象的亮度必须超过月光或城市夜空灯光散射到水面的亮度,颜色较浅或轮廓清晰的物体,在水中的倒影效果最好。

剪影因物体后面的墙面或其他垂直表面被照亮而产生。竹子等姿态优美的植物是非常适合采用剪影照明的植物。

造影是在植物前面安装宽照型灯泡点射灯,让光线穿过叶子之间的缝隙照到墙上。

4.侧光照明、散光照明与重点照明

灯具安装在照明对象一侧,让灯光从侧向照射景物。适用于正面照明会淡化浅色雕像造型的场合。有时雕像的某些部分会处于阴影当中,这种情况下可在另一侧增加辅助照明,辅助照灯应稍微远离雕像或采用亮度较低的灯泡。

散光照明俗称蘑菇灯,灯具较为低矮,主要为路径或低矮植物提供无眩光照明,光束形状通常圆形,照明区域一般为 2.5～4m。散光照明在很多情况下是不得已的选择,因为灯处必须暴露在可以看见的地方才能提供照明。故灯具选型十分重要。

重点照明是用定向灯光强调个体植物或焦点景物,使之突出周围环境。必须仔细设计灯具位置,避免因亮度过大造成景物表面颜色淡化,或有多余的光照射到焦点景物之外的范围,使照明对象在附近的物体表面形成阴影。

5.光晕效果与台阶的照明

光晕效果——背光照明的作用是在树形的树干和枝条周围形成光晕。光晕能够展现树的形状和结构,同时在树丛与黑暗背景之间形成柔和的过渡。通常用来增加前光或侧光处理的树丛或灌丛的景色变化。灯具最好安装在物体正后方稍偏,灯光如果能透过树叶照射下来,色彩效果会更好。

对于台阶照明来说,满足功能上的要求比技巧更重要。每一级台阶都应该用内置防眩光装置的灯具直接照明,避免上一级台阶的阴影落在下一级台阶上,使行人在上下台阶时能够看清楚脚下的路,不会因眩光影响注意力。

四、景观照明灯具的光源

(一)光源的特征及释义

光源的特征,可通过以下几个词汇来解释。

光通量——电光源的发光能力,单位为 1m。

光效——电光源每消耗 1W 电功率与光通量之比(1m/W)。

额定功率——电光源在额定工作条件下所消耗的有功功率。

色表——人眼观看到的光源所发的光的颜色,以色温表示(单位为 K)。

显色性——光源照明下,颜色在视觉上的失真程度。以显色指数 Ra 表示,Ra 越大则显色性越好。

(二)光源的类别划分

景观灯具的光源一般采用白炽灯、卤钨灯、荧光灯、荧光高压汞灯、钠灯、金属卤化物灯、氙灯、LED 灯。

白炽灯是应用最为广泛的光源,价格低廉、使用方便,但是光效较低,发光色调偏红色光。

卤钨灯又称为卤钨白炽灯,亮度高,光效高,应用于大面积照明,发光色调偏红色光。

荧光灯又称为日光灯,光效高、寿命长、灯管表面温度低,发光色调偏白色光,与太阳光相近,应用广泛。

荧光高压汞灯耐震、耐热,发光色调偏淡蓝、绿色光,广泛应用于广场、车站、码头。

钠灯是利用钠蒸汽放电形成的光源,光效高、寿命长,发光色调偏金黄色光,广泛应用于广场、道路、停车场、园路照明。

金属卤化物灯是荧光高压汞灯的改进型产品,光色接近于太阳光,尺寸小、功率大,但是寿命短,常用于公园、广场等室外照明。

氙灯是惰性气体放电光源,光效高,启动快,应用于面积大的公共场所照明,如广场、体育场、游乐场、公园出入口、停车场、车站等。

LED 光源是以发光二极管(LED)为发光体的光源,是 20 世纪 60 年代发展起来的新一代光源,具有高效、节能、寿命长、光色好的优点,现在大量应用于景观照明。

(三)不同类别的光源特征

不同类别的光源特征,可见表 4-1。

表 4-1　不同类别的光源特征

类型	额定功率范围 (W)	光效 (1m/W)	平均寿命 (h)	显色指数 Ra
白炽灯	10~100	6.5~19	1000	95~99
卤钨灯	500~2000	19.5~21	1500	95~99
荧光灯	6~125	25~67	2000~3000	70~80
荧光高压汞灯	50~1000	30~50	2500~5000	30~40
钠灯	250~400	90~100	3000	20~25
金属卤化物灯	400~1000	60~80	2000	65~85
氙灯	1500~100000	20~37	500~1000	90~94

第四节　公共室内置景与地景造型设计

一、公共室内置景设计

室内置景是结合了室内装饰的艺术营造手段而产生的,它所产生的效果是建立在空间造型基础之上的,其形式和风格往往成为整个空间的主导者。雕塑、壁画、水景、绿化、色彩、综合材料和现代装置等手段都可以用来美化室内空间。由于室内空间的限制,室内置景设计有以下特点。

(1)室内公共空间作为人们公共交往的场所,应以符合场所审美情趣和功能需要为目的来设置和创作室内空间的形式和装饰。

(2)创作形态的存在不能脱离建筑的影响而单独存在,室内置景设计离不开对室内空间环境变化特点的审视,其风格和形式应是建筑风格及形式的延伸,要反映建筑的设计思想和审美。

（3）公共室内空间一般都存在于人型的交互空间如商场、银行、酒店及展馆等之内,室内置景往往是展示室内风格的点睛之笔,作品一般都占据室内空间的中心位置,作品的尺度及视觉形象都富有一定的亲和力或感染力,给空间增添了不少文化气息,给人们带来了不少视觉乐趣。

（4）室内公共创作具有突出和协调室内装饰风格的作用。造型艺术创作既可以延伸与呼应建筑形式及风格,又起到突出或强调的作用,也可以用一定的艺术元素或造型手段营造或协调空间氛围,改变建筑原本的冷漠与僵硬。

（5）室内置景所涉及的公共空间尺度虽有限,但却富有变化,因此,艺术创作依据空间的变化及功能上的要求,既要考虑到空间转换的功能,又要把创作形态以多点的、延续的及分散的形式对空间的延伸走向加以引导,从而完成视觉审美和空间功能的统一。

二、地景造型设计

（一）地景造型

地景造型是指以大地的平面和自然起伏所形成的立面空间环境作为艺术创作背景,运用自然的材料和雕塑、壁画、装置等艺术手法来创作的具有审美观念的实践和环境美化功能的艺术创造与创意活动。就地景艺术的观赏效果和实用作用而言,有的以独立的艺术观赏形式出现,有的是要求与城市土地规划及生态景观设计相协调。前者如大地艺术,而后者则指现代城市化发展过程中对水体边坡的治理和装饰、高速公路断背山及大坝立面和矿产开采留下的"飞白"处理等。尽管艺术家的动机和资金来源各不相同,艺术创作的功能指向也不尽相同,但地景艺术(包括艺术史上的"大地艺术")毕竟为现代公共性的视觉艺术形式及观念性的艺术实践开辟了前所未有的创作空间。

从以水体、森林、泥土、岩石、沙漠、山峦、谷地、坡岸等地物地貌作为艺术表现的题材内容和公众审美的对象,到以立体真实的自然空间和公共环境作为艺术表现元素,地景造型作品在博大无言的自然之中,构成了独特的审美意象。在地景艺术创作过程中,我们要强调的是人与自然的平等和谐。作为一种艺术主张,它促使艺术审美走向室外空间,并体现了艺术与自然融合、贴近的理想。

(二)地景造型艺术的创作过程及设计特点

地景造型作为环境艺术的一种,并不意味着是对自然的改观,而是对自然的稍加施工或修饰,在不失自然本来面目的前提下,唤起人们对环境的重新关注和思考,从中获取与平常不同的审美价值。地景艺术在创作过程中具有以下特点。

(1)探求制作材料的平等化和无限化,打破生活与艺术之界限。

(2)认为艺术应走出展馆,实现与人与自然的亲近与融合。

(3)地景艺术存在的生命是短暂的,其目的在于唤起公众的参与。这种参与行为完全摆脱了实用性,人们只在游戏与幻想的行为中得到美的体验。

(4)取材多样化,可取自森林、河流、山峦、沙漠等,甚至石柱、墙、建筑物、遗迹等。在制作中要经常保持材料的自然本质,在造型技法上可采用捆绑、堆积、架构的方式方法。

(5)地景造型是一项复杂、烦琐和工程浩大的劳动。艺术家在有了构思之后,要对建筑及环境作实地测绘,绘制众多效果图,制作模型,要有政府部门的立项批准,还要有在艺术家的规划指导下的众多人的参与,最后才得以完成。

(6)方案从构思到设计到实施有时是一个漫长的等待过程,艺术家需要极高的素养、勇气和耐心。克里斯托夫妇包装德国柏林国会大厦,1971年完成了所有的设计,但直到1994年才得以批准。

地景艺术作为现代公共艺术的重要表现形式,从美术馆走入自然,除了思考和体现人与自然的内在审美联系外,还要对因现代社会发展带来的环境问题予以关注,比如因修建高速公路而开发山体导致的山体的裸露等。近几年随着民众生态意识的提高,要求解决类似问题的呼声很高,这为地景造型的社会功能的发挥提供了广阔的空间。

第五节　公共装饰艺术

一、公共雕塑装饰艺术设计

城市雕塑,是雕塑艺术的延伸,也称为景观雕塑、环境雕塑。无论是纪念碑雕塑或建筑群的雕塑和广场、公园、小区绿地以及街道间、建筑物前的城市雕塑,都已成为现代城市人文景观的重要组成部分。城市雕塑设计,是城市环境意识的强化设计,雕塑家的工作不只局限于某一雕塑本身,而是从塑造雕塑到塑造空间,创造一个有意义的场所、一个优美的城市环境。

(一)不同依据的公共雕塑类型

1.材质类型

由于城市雕塑大多立于室外,须经历日晒雨露,因此要求制作材料具有耐久性、稳定性的特点,所以一般采用质地坚硬的材料,如石头、金属、玻璃钢、混凝土等。

(1)石雕

石材是现代城市雕塑采用最广泛的材质,它们最适宜表现的是体量坚实、整体团块、结构鲜明的雕塑形象。古今中外许多杰出的城市雕塑艺术作品多采用石头雕琢而成。不同石材显示着不同表现力。

图 4-18　汉白玉石雕

用于雕塑的石材主要为大理石、花岗岩等。大理石石质均匀，具有粒状变晶结构或块状结构，纹理美观易于加工和磨光。其呈白、浅红、浅绿、深灰等多种颜色和花纹，纯白色大理石被称为"汉白玉"，大理石雕塑光滑中充满精致、细腻，是上好的品类。

图 4-19　花岗岩雕塑

花岗岩质地致密、坚固抗压、耐磨性能好、抗风化力强,表面可进行剁斧、磨光加工,呈灰色和肉红色。使用花岗岩制造雕塑可表现出无限的力度感。

(2)金属雕塑

今天的城市雕塑除石材外,还较多地采用金属材料,从铜器到铁器再到各种类型的金属,甚至多种金属结合使用,可谓种类繁多。下面我们选取其中的几种来进行分析。

铸铜是将液态铜浇注到铸型型腔中,冷却凝固后成为具有一定图形铸件的工艺方法。它质地坚硬、厚重,粗糙中略带有微妙变化,外观斑驳的色彩处理极富历史陈旧感。

图 4-20　铸铜雕塑

铸铁是将液态铜和铁浇注到铸型型腔中,冷却凝固后成为具有一定图形铸件的工艺方法。它的材料制作方便,可塑造出刚劲有力的艺术效果,但因易于氧化,所以纯铁现在较少采用。

不锈钢是一种抵抗大气及酸、碱、盐等腐蚀作用的合金钢的总称。它具有良好的化学稳定性,能阻止介质腐蚀。不锈钢及各种合金材料是科学技术的进步发展出来的新成果、新材料,其质地轻盈,光泽强烈,可塑性很强,在现代城市雕塑材料的运用中具有广阔前景。

图 4-21 铸铁雕塑

图 4-22 不锈钢雕塑

(3)玻璃钢雕塑

玻璃钢,又称玻璃纤维增强塑料,是一种城市雕塑的新材料、新工艺。它是以玻璃纤维及其制品(织物、毡材等)为增强材料制成的树脂基复合材料,具有体量轻、工艺简便、便于制作、效果强烈等特色。玻璃钢雕塑是通过模具中固化形成的工艺技术制作而成的。

图 4-23　玻璃钢彩塑骆驼

　　（4）混凝土雕塑

　　混凝土雕塑是将水泥作为胶凝材料，细沙石作为集料，经搅拌、养护而成型。水泥凝固后与石材相似，通过扒、拉等多种工艺，可以产生与石材同样的效果。所以，水泥常作为石雕的代用材料。混凝土具有强度高、易成型且造价低等特点。

图 4-24　混凝土雕塑

　　（5）水景雕塑

　　水景雕塑在西欧古代就广泛运用，我国现代城市雕塑发展较快，目前也开始大量采用水景雕塑。其特点是运用喷水和照明设备的配合,具有变化丰富的特点,与灯光结合后能增添迷人的色彩。

图 4-25　水景雕塑

2.形态类型

(1)圆雕和浮雕

圆雕和浮雕是两种最常见的雕塑空间形式。圆雕具有强烈的体积感和空间感,轮廓界线分明,可以让人从各个不同的角度进行观赏、体验,雕塑的主体完全占有一个完整的、独立的空间。

浮雕,是介于圆雕和绘画之间的一种雕塑形式,一般都依附于建筑或特定造型的表面。它不像圆雕那样完全占有独立空间,而只有一部分相应的空间,观赏角度也只能从正面或侧面来完成。

根据其起伏程度的不同,浮雕又可分为高浮雕和浅浮雕。高浮雕起伏大,接近圆雕,其体积和空间感是比较强烈的。浅浮雕更具有平面感,是一种接近于绘画的表现手法,它是借助于一定的光线和线条、轮廓来体现形象的。高浮雕与浅浮雕时常相互结合,共同出现在同一个空间中,层次丰富而有变化,这是我国传统雕塑常见的形式。

图 4-26　铸铜圆雕

图 4-27　浮雕

（2）具象雕塑和抽象雕塑

所谓具象雕塑，指的是在艺术表现上基本采用写实和再现客观对象为主的手法。具象雕塑是一种较易被人接受和理解的艺术形式。它具有形体正确完整、形象语言明晰、指示意义确切、容易与观赏者沟通和交流等特点。

而所谓抽象雕塑，是指打破自然中的真实形象，具有强烈的感情色彩和视觉震撼力。它较多运用点、线、面、体等抽象符号形态加以组合，是西方大城市现代雕塑中常用的方法。

图 4-28　具象雕塑

图 4-29　抽象雕塑

3.功能类型

(1)具有实用功能的雕塑

这是为公共场所提供活动方便而设置的雕塑,具有极强的实用性。

图 4-30　具有座椅功能的雕塑

(2)装饰性的雕塑

装饰性雕塑,是为现实性环境空间所进行的艺术创作和设计。此类雕塑在园林及各类绿地中运用颇广,它装点在都市的构架中,扮演着树立都市形象、提升文化层次的角色。

图 4-31　装饰性雕塑

4. 对城市环境的依附类型

城市环境是个大概念,它是指市民赖以生存的所在地的周边境况。就其自然性与人工性而言,有自然环境和人工环境之分。从环境设计分支学科来讲,可分为人文环境和生态环境。

(1)依附人文环境的雕塑

这一类雕塑是以当地的人文背景、市民生活习俗、城市历史、民间传说等方面的特征作为出发点,以反射、和谐、衬托的方式与现实环境相对应而进行的相辅相成的设计。依附人文环境的雕塑具有以下特征。

图 4-32　虎门销烟雕塑

纪念性。人类自古以来就有树碑立传的传统。因此,往往会建造一些雕塑来纪念值得纪念的人物或事件。

原创性。有些雕塑在造型上具有独特的视觉形象。例如埃菲尔铁塔就是法国巴黎的独特形象,"东方明珠"则是上海的特有形象,这就是原创性。

图 4-33　埃菲尔铁塔

象征性。有些雕塑象征了当地的精神风貌。如图 4-34 所示是日本艺术家最上寿之的大作《沸腾的横滨》,它矗立在横滨的未来港地区,以波澜翻滚似的造型、雄健的高科技风格象征着意气风发、沸腾昌盛的横滨港。

图 4-34　沸腾的横滨

地域性。比如美国"自由女神像"是为了纪念当年欧洲人不堪忍受帝王的专制统治而逃向纽约港,由法国人1884年作为国庆礼物送给美国的。它是美国历史的象征。

图 4-35　美国"自由女神像"

(2)依附生态环境的雕塑

这一类雕塑是依附当地的地形、地势、功能区域,利用自然条件或自然材料,依势而作的城市雕塑作品。例如我国南北朝时期,依山而筑的云冈石窟、龙门石窟的尊尊石雕,乐山大佛依山而坐,足以显示出地貌、地势就景造像的宏大气魄。

图 4-36　乐山大佛

(二)公共雕塑艺术与环境的和谐

作为公共艺术作品,雕塑在设计的过程中必须考虑与周围环境的和谐,必须考虑雕塑放置的场地周围相应的景观、建筑、历史文化风俗等因素,人群交流因素,以及无形的声、光、温度等因素。这一切都构成了环境因素,即社会环境与自然环境。因此,决定雕塑的场地、位置、尺度、色彩、形态、质感时,常要从整体出发,研究各方面的背景关系,通过均衡、统一、变化、韵律等手段寻求恰当的答案,表达特定的空间气氛和意境,形成鲜明的第一印象。人行走在这一环境空间中,才会对城市雕塑作品产生亲切感。

1.公共雕塑的设计要求

(1)接近真人尺度

由于现代城市生活节奏快,高层建筑林立,使人被分隔、独立,造成了人文负面影响。因而在城市规划中,设立观赏区、休闲区、步行街、绿地等公共空间,并在其间设计雕塑,以求得人与环境的亲近感。在设计环境雕塑时,雕塑的尺寸大都采用接近真人的尺度,使观众的可参与性加强,从而满足了不同层次人们在城市公共环境中的舒适感。

图 4-37　接近真人尺度的雕塑

（2）关注现代人的审美与时尚

城市环境的现代性，促使公共艺术作品不能满足于以往的传统模式，而更应丰富艺术作品的表现手法、材料技法，更加关注当代城市人的审美情趣、审美心理与习惯、流行时尚，只有这样，现代城市雕塑才能和谐地矗立在城市的公共空间中。

图 4-38　西方现代雕塑

2.公共雕塑的位置选择

城市雕塑位置选择的着眼点首先是精神功能，同时还要兼顾环境空间的物质因素，以构成特定的思想情感氛围和城市景观的观赏条件。城雕一般放置的地点有以下几个地方。

（1）城市的火车站、码头、机场、公路出口。这是能给城市初访者留下第一印象的场所。

图 4-39　南京站前的雕塑

（2）城市中的旅游景点、名胜、公园、休憩地。这些地方是最容易聚集大批观众，而且最适合停下来仔细欣赏城市雕塑的场地。

图 4-40　成都上城公园雕塑

（3）城市中的重大建筑物。雕塑的主题性会在此体现得更为明显。

图 4-41　美国白宫门前的雕塑

（4）城市中的居住小区、街道、绿地。这些地方的环境和谐、气氛温馨，是最容易让雕塑与人亲近的地方。

图 4-42　街边雕塑

（5）城市中的桥梁、河岸、水池。这些地方容易让雕塑作品产生诗意。

图 4-43　河岸边雕塑

（6）城市中的交通枢纽周围。此地虽能扩大雕塑的影响力，但作品不宜陷入局部细节的刻画，而应形体明快、轮廓清晰，一目了然，令人过目不忘。

图 4-44 交通环岛的雕塑

二、公共壁画装饰艺术设计

(一)壁画材料与选择

在壁画的设计制作中,所采用的材料会受到一定的局限,这种局限有时恰恰也是它的特点所在。

一般来说,室外壁画材料应结合气候特点,选择耐热、耐寒、耐水、耐光、耐晒和耐久等性能,而且不易积污垢、易于清洗、有一定光泽、性能稳定特点的材料,这类材料应该是硬质材料。

此外,在材料的选择中,色彩也是会受到一定限制的,如采用各种技法去添色加彩。锻铜壁画的色彩表现可以通过锻击和腐蚀,使之产生各种肌理效果,加强色彩间的变化;可通过打磨抛光处理,造成明亮的铜镜效果,增强色泽的对比关系;还可采用切割和焊接,制作出正负形并置的效果,突出色彩空间距离感;通过各方面的深加工,使之产生理想的色彩效果。

(二)城市壁画的设计

壁画设计制作的全过程是根据业主的意图,利用一定的材料及其相应的操作工艺,按照艺术的构想与表现手法来完成这个工程项目。具体来说，城市壁画的设计包括选题的构思、色彩的处理两个阶段。

1.壁画选题的构思

选题是从业主（委托人）和使用者的命题范围来着手的。功能性强的壁画，有的业主是直接出题，在构思完成后，利用艺术家的表达方式表现出来。而构思一般分为两个方面，一方面是以理性思维为基础，对建筑载体的内涵进行直接阐述与强调，重视场所精神的事件性和情节性，带有纪念和引导意义；另一方面是非理性的表现，这类壁画大多从宣泄设计者情感出发，想象表现一种理想和意识，强调装饰效果是一种带有唯美色彩与抒情性的设计，注重视觉效果对建筑物外部环境的形、质、色等视觉因素的补充和调整。

在壁画的选题构思中，设计师还得不断地从古今中外的文化财富中吸取营养（图4-45），研究壁画与建筑墙体形态的变化关系，并与当地文化特征和现实背景相适应，或者依据特定场所功能而展开构思。

图 4-45　《越过大海的梦想》（张建辛）

2.壁画色彩的处理

现代壁画设计中，色彩处理直接关系到壁画的装饰性效果。在普通的绘画中较多地表现出个人风格，允许采用个性化、个人偏爱的色彩,而在壁画设计中,色彩要更多地体现环境因素、功能因素和公众的审美要求。在具体的设计中,壁画色彩的处理要考虑五个方面的因素。

(1)需要特别重视色彩对人的物理的、生理的和心理的作用,也要注重色彩引起的人的联想和情感反应。例如在纪念堂、博物馆、陈列厅等场所的壁画往往采用低明度、高纯度的色调为主,可获得庄严、肃穆、稳定和神秘的气氛;而在公共娱乐场所、休闲场所、影院、公园、运动场、候车室中则多以热烈、轻快、明亮的色调为主,并适当使用高明度、高纯度色调,从而营造出欢快、愉悦、活泼的气氛。

(2)不能满足于现实生活中过于自然化的色彩倾向,而是要思考如何来表现比现实生活更丰富、更理想的色彩,从而实现它的装饰性功能。

(3)还可以通过色彩设计调节环境,恰当地运用不同的色彩,借助其本身的特性,对单调乏味的硬质建筑体进行调节性处理,使环境产生人性味。

(4)色彩设计要从属于壁画的主题,应主观地调整色彩的表现力,通常习惯用某种色彩所具有的共通性——联想和象征去表现、丰富主题内容,美化环境、改善环境,如图4-46所示。

图4-46　铝板、丙烯壁画《人与自然》的局部(张世春)

(5)壁画的色彩设计要从整体出发审视周围环境,强调结构方式,把它们各部分及其变化与壁画完整地联系起来,使气氛自然和谐。

第五章 公共设施艺术设计

公共设施是一个开放的区域,为广大群众提供一种共享的服务。公共设施的设计是一门很高的艺术,需要设计师综合考虑多方面的因素,既包括人们的需要,也包括与周围环境之间的融合。本章在这里就重点论述一下公共设施设计的理念,同时还进一步论述公共交通设施设计、公共服务设施设计、公共信息设施设计等方面的内容。

第一节 公共设施设计理念

一、公共设施造型与环境的共生性

公共设施在设计的时候就要考虑和周围自然环境的协调、和谐统一。在设计时要顺应自然环境,同时还要有节制地利用与改造周围的自然环境,通过具有人性化设计的公共设施这一中介达到"天人合一",即自然和人的生活之间的高度和谐统一。如山东济南市的黑虎泉公共设施的设计,就十分巧妙地利用了周围的自然环境与人性化设计之间的关系,让黑虎泉和公共设施达到很好的统一。黑虎泉本来是一个旅游景区,现在已经开发成了一个开放式的城市公园,但是在道路上还几乎保留了原貌;电话亭、书报亭等一些公共配套设施的建筑风格也是古色古香,体现出了泉城十分深厚的历史文化底蕴;垃圾桶的造型设计是树桩形,标志也十分的醒目;雕塑壮观,色彩和环境之间达到了和谐统一的效果,这些设计在方便了游客的同时还充分地利用了周围的自然环境。

公共设施还应该具备人性化的设计,这一设计需要考虑到当地的气候影响。如北方的气候相对比较寒冷干燥,所以在设计的时候要多用有温暖质感的木材,色彩还应该比较鲜艳醒目,以此来调节北方漫长的冬季中十分单调的色彩;南方的气候通常是温热多雨,所以在选材上要尤为注意防潮防锈,因此材料的选用上要多采用塑料制品或不锈钢,在材料的色彩搭配上也应该以亮色调为主。在考虑公共设施和环境特征的同时,还应该尤为注重空间和人之间的关系。

我们知道,人是社会化的动物,所以人离不开空间,空间为人在地球与宇宙中的生存提供了便利,空间也使无变成了有,让抽象变称为具体。随着当前社会经济的快速发展、市场规模的不断扩大,交通与通信网络也变得更加的密集,信息、资源与人口之间也变得日益密集,这就促使人类不断的建设、创造活动与生活空间。这里所说的生活空间,不但是一个物化的概念,同时还是一种心灵上的归属地。城市中的空间不仅仅是一种形象,公共设施也不仅仅是一个摆设,它们都很大程度地体现着这个城市发展的文明程度。

（一）人对空间的感知

空间和人之间的关系,就犹如水和鱼之间的关系,只有有了空间的参照,才能凸显出人的存在,如图5-1所示就是直接表达了这种关系。人可以对空间进行能动的改造,而空间也是事物得以存在的有机载体。对于一个能够容纳人的空间来说,它需要变得十分有序,在空间中,人和空间中所存在的公共设施构成了主从关系。现代社会中的人们通过建造居住、活动以及旅游的空间,追求自己内心丰富的愉悦感。

人在环境空间的活动过程中,可以通过不同的体验来获得多个方面的感知,这其中也包括人对空间的感知,具体如下。

（1）生理体验:锻炼身体、呼吸新鲜的空气。

（2）心理体验：追求宁静、赏心悦目的快感，缓解工作压力。

（3）社交体验：发展友谊、自我表现等。

（4）知识体验：学习文化、认识自然。

（5）自我实现的体验：发现自我价值，产生成就感。

（6）其他：不愉快体验或消极体验等。

图 5-1　人在公园空间活动

　　人的不同层次的体验，正是现代人品格的追求，也是现代人的特点的充分体现。在公共设施的设计中要能够充分满足他们各种体验的需求，才会实现空间的效益，这是对当前环境进行优化的先决条件。

（二）人在空间中的行为

　　地域不同，其地形地貌与风土人情也会有不同的表现，其中也有着一定的联系，如辽阔草原给生活在其中的牧民一种豪爽气概、江南水乡的人们具有一种精明能干的特质等，由此可以看出，环境对人的性格塑造起着重要的作用。空间环境会对人的行为、性格以及心理产生一定程度的影响，同时，人的行为反过来也会对环境空间起到一定的影响，这些影响突出体现在城市的居住区、城市广场、街道、商业中心等人工景观的设计与使用方面。

生活空间和人的日常行为之间的关系可以分成下列三个方面。

（1）通勤活动的行为空间。这一空间主要是指人们在上学、上班的过程中途经的路线与地点，同时也包括外地的游览观光者。景观公共设施设计应把握局部设计和整体之间的融合。

（2）购物活动的行为空间。由于消费者的特征不同，商业环境、居住地以及商业中心距离也会对行为空间产生一定程度的影响，人们不光要有愉悦的购物行为，还有休闲、游玩等多种其他的行为。因此，城市形象的主要展示途径之一也需要一个良好的景观公共设施设计。

（3）交际与闲暇活动行为空间。这个空间包括了朋友、邻里以及亲属间的交际活动，而且，这一类的行为多发生在宅前宅后（图 5-2）、广场、公园及家中等场所。所以，出现这些行为的场所设计依然为景观公共设施设计的一部分。

图 5-2　宅前宅后活动空间

二、公共设施的色彩与材质

公共设施不单单是一种造型与功能相结合的设计形式，它还是一种依托于材质表现出来的设计艺术,材料支撑了公共设施的骨架,而且还会通过特定的加工工艺程序表现出来,由此可知,公共设施的材质和工艺会对其美观造成直接的影响。而在设计的过程中,还要重点考虑各材料所具备的特性,如可塑性、工艺性等。利用材料的材质不同来表现设计主题的差异。材料不同,设施自身具备的特点和美学特征就会相应地不同,其美学特征主要体现在材料的结构美、物理美、色彩美。由此可知,运用材料时要尽可能地挖掘出材料自身所具备的个体属性以及结构性能,充分地体现出物体美。同时还应该重点关照材质表面肌理,这是因为,如果表面的工艺不一样,其材料的肌理也会相应地不同,从而对人的视觉作用也就不同。

除了上述的原因之外,材料的工艺精细程度不同,给人的感受也会不同,工艺越精细,给人的感觉也就越逼真、醒目,反之,如果工艺相对简单、粗糙的质地就会给人一种十分大气的感觉。由此可知,工艺不同给人带来的视觉感受也会不同,工艺美也会有所不同。

三、公共设施文化与设计元素的互融性

无论是哪个国家都有自己特定的文化与风俗,如果对一个民族的文化特征、文化差异不加以了解,就不明白当地人的心理,也就不可能设计出符合当地人文环境的公共设施。除了理解设施功能外,更重要的是要能够解读其文化意蕴与民族风情。

人文环境的思考要在建筑与景观两方面进行。一是中国的地域十分辽阔、民族众多。在悠久的历史发展过程中形成了独特的建筑艺术风格,如北方的四合院、江南水乡的粉墙黛瓦等。所以在这些风格迥异的地区设置公共设施时,为了保存当地的建筑风格,就要充分考虑整体的建筑设计风格,然后再从中抽取如形态、色彩、文化等多种多样的隐含因素,运用到公共设施设计中来(图5-3)。另一方面,公共设施和城市的景观设计之间存在相辅

相成的关系,公共设施的布置其实也是城市景观构成的一部分,
是城市景观规划的重要组成,城市景观如雕塑、喷泉、景观灯等。
所以,公共设施要和城市景观相协调,既要丰富城市景观文化的
内涵,又要创造优美的环境,所以,从这个意义上来看,公共设施
其实就是城市景观的一个重要组成(图5-4)。总之,公共设施既
体现城市的文化内涵,又反映出居民的人文精神。

图 5-3　奥运会鞍马雕塑

图 5-4　奥运雕塑——永远的圣火

四、公共设施中的人性美

公共设施的设计首先要满足人的需求。城市中设置的公共设施主要是为了服务于人们的工作、生活以及供人们欣赏的双重功能,在方便人们的同时还起到美化城市的功能。我们都知道,人是城市的主体,所以所有的公共设施设计都要以人为本,最大限度地考虑到人的需求。在公共设施的使用人群中,包括了老人、儿童、残疾人等多种类型的人群,他们的行为方式和心理状况也有较大不同,所以在设计的时候要经过研究调查,才能最大限度地满足人的需求,充分体现出"人性化"设计。

为了更好地对公共设施进行人性化设计,还需对设计师进行关注,人性化设计的要求对设计师的水平提出了较高的要求。所以需要注意下列几种情况:首先,设计师要有浓厚的人文主义关怀精神,在设计的过程中要自觉地且主动地去关注之前的设计中所忽略掉的因素,如关注残疾人,道路上设置盲道(图 5-5)等。其次,设计师需要熟练地掌握人体工学方面的知识,并把这些知识运用到设计实践中来,并体现出其功能的合理性,如楼梯的高度设计,既不能太高,太高不利于儿童的走动,也不能太低,太低的话会浪费空间高度和建筑材料,同时还要有一定的美感,尤其在酒店的室内装修方面(图 5-6)。再次,设计师还要有一定的美学知识,审美眼光要独到,能够充分地调动造型、色彩、装饰等多种审美因素,对公共设施的构思提出新颖的创意、优化方案,充分地满足人们的审美需求。公共设施在充分发挥了其自身的功能作用外,还要体现出装饰性与意象性(图 5-7),使设施可以与城市的景观密不可分,并能够客观地反映出一个城市所具备的经济发展及文化水准。

图 5-5　盲道设计

图 5-6　室内楼梯设计

图 5-7　城市创意公共设施

五、公共设施设计的思维方法

(一)角色扮演法

这种方法需要由四人来扮演四种角色:工程师、品牌经理、设计总监、营销经理。先针对某一个市场的趋势设想出一个方案,然后将方案向右传,下一个人要接着上个人的方案,按照自己扮演的角色发展下去,之后再继续右传,依此类推,最后就可以得出四组比较完整的、由品牌到营销的完整策略构想。需要注意的是,这里的角色也可以换成其他的,如零售商、企业、玩具品牌、父母等等,关键是要看架构中需要哪些重要的角色。

(二)帽子法

这种方法其实有点像将角色扮演法反着进行,比较适合一些公司里跨部门之间的脑力激荡时使用。和角色扮演法一样,在开始的时候是一样的,也是针对市场的趋势,由工程师来想工程方案,设计师想设计方案等等,依此类推。之后,设计师戴上工程师的帽子想,自己刚才制定的方案放到工程那边该怎样执行等,也以此类推到其他人中,这种方法在某种层次上能够增加部门之间的了解。

(三)元素组合法

这种方法主要是针对一个趋势,设计之前先在一起设想和该趋势有关的几个大的主题,然后再把这些主题组合成 2~3 个,产生构想,这种方法的诀窍是,越是一些风马牛不相及的主题,在结合的时候越能产生奇特的创意。

(四)逻辑思维方法

这种思维方法有很多种,包括下列几种类型。

（1）联想法。指将已有产品的功能、技术等与将要开发的新产品联系起来，或者由其他领域的不同类的产品联想到新产品的雏形。

（2）仿生学法。由大自然生物的结构、功能原理、外部形态等得到启发，并应用到产品上进行改进、设计、发明和创造。

（3）缩小和扩大法。指将产品的功能、结构、原理、造型的整体或局部等进行放大或缩小，从而获得设计推进的切入点。

（4）逆向思维法。针对传统的逻辑和习惯思维方式，将看问题的视角、顺序和所用的技术、原理和方法作逆向思维，或许会有非同寻常的发现。

（5）模拟法。是将在某方面相似的产品进行比较，借鉴其设计思想和手法运用到新产品中。

（6）列取法。将对已有产品的评价和对新产品的期望、特征描述等通过表格、图形和文字的形式呈现出来，从而获得新产品的雏形。

（7）移植法。将其他领域的技术原理移用到产品设计中进行创新设计。

（8）收缩法。指概念提出范畴比较大，再通过将主题含义缩小的方式将焦点引申到所要设计的产品上。这种模式更容易释放设计师的想象力，不至于一开始就受已有理念的影响。

（9）综合法。将相关产品的材料、机理处理方式、生产工艺等运用到新的产品上。

第二节　公共交通设施设计

一、公共交通的构成要素

公共交通通常是指城市的公共交通基础设施，城市公共交通是公共设施设计的一个重要组成部分。城市交通的构成部分一般由私人交通、公共交通与货物专业运输三部分组成。

(一)私人交通

这种交通的组成一般有徒步和自用车为主的交通出行工具。自用的交通工具包括轿车、摩托车、自行车等。私人交通比较机动灵活,便于城市居民出行,但是私人交通的车载较小、效率也比较低下,以至于给城市造成了大范围的拥挤与阻塞、停放场地不足等。由此可见,私人交通在大、中型城市应该要适当加以控制,只适宜作为城市公共交通的一种辅助性方式(图 5-8)。

图 5-8　城市私人交通

(二)公共交通

城市公共交通也简称为"公交"。通常主要为了旅客的运载活动,城市公共交通的客运工具很多,主要有公共汽车、有轨电车、无轨电车、地下铁道、轮渡以及出租汽车等(图5-9)。

图 5-9 城市轻轨与地铁

当前,随着各大小城市的快速发展,在大城市中出现了地下铁道与快速有轨电车的发展趋势,成了当前城市交通的主要骨干。城市内的公共交通运营方式一般都是定线定站服务、定线不定站服务与不定线不定站服务三种类型。公共交通工具的载量通常比较大,运送效益高,对能源的消耗也比较低,相对于环境的污染也比较小,运输的成本通常也不高。所以,选择优先发展城市公共交通是一个解决城市拥挤的有效措施,也会很大程度上节约能源、减少环境污染、改善城市生态(图5-10)。

图 5-10 城市公交车

（三）货物运输

通常来讲,货物运输是由拥有比较专业化的运输工具和运输企业来经营的。运送效率通常比较高,货物的损坏率也相对较低。发展货物专业运输便于因货配车,并通过合理的计划调度减少车辆空驶,提高车辆的行程利用率和设备利用率,从而大量节约运力投资,有效地减少城市交通车流,节约能源,降低货运成本。

当前,我国的城镇化发展进程比较快,人口的流动方向也比较单一,多向城市快速地聚集,城市内所面临的交通压力尤为巨大。随着城市化建设的进程进一步加快,人民群众对城市中的公共交通设施建设也提出了更高的要求,希望公共交通设施不但可以满足交通的功能,还要尽量地关注人与公共交通设施间的交互关系,做到以人为本,体现人文关怀(图 5-11)。

图 5-11　多种公共交通设施

二、公共交通的种类

城市中的公共交通设施大多是由公共汽车、电车、轨道交通、出租汽车、轮渡等多种交通形式构成的交通系统，是一个城市中的重要基础设施，也是关乎民生社稷的公益事业。城市中的公共交通系统不但满足了城市居民日常的出行需要，在某种意义上来说，它还对城市功能的正常发挥产生了很大的组织作用。交通设施是一座城市的重要命脉，公共交通设施作为城市的重要基础设施，和人们生产生活之间存在着十分密切的关系，是城市经济发展、社会全面协调推进的基础。通常来讲，城市的工业化程度越高、经济力量就越强大，同时这些地区的公共交通设施投资也相对比较大，公共交通设施建设也就十分的完善。

(一)公共汽车站

公交在城市发展过程中一直扮演着十分重要的角色，满足了城市中大多数人的出行要求，公交车的类型有很多种，主要包括单层公交车、双层公交车、快速公交车、电车、导轨电车等。在城市的公交线路网方面，随着当前城市建设的飞速发展，公交线路也覆盖到了城市的各个区域，在城市的各个公交沿线上，都有多条公共汽车车站设置。

候车公用设施的发展是城市公共设施的辅助，它主要是指候车环境里的各种公共设施，如候车亭、休息椅、各种信息设施、垃圾箱等。这类设施的设置针对的是公共交通环境而言的，满足广大出行者在休息、安全、信息等多个方面的需求。随着现代社会对候车公用设施的人性化设计理念不断深入，公用设施的功能也在快速的提高，如英国在公共汽车站上设置的"实时"信息牌，为乘客提示下辆车到达的时间。公交车上还装有一些感应器，可以十分准确地停靠在比地面高的公交车站旁边，有利于坐轮椅的人士上车(图 5-12)。

图 5-12　公交站点设施

（二）轨道交通站

大多数的城市轨道交通系统都是用来运载市内乘客的。城市轨道交通系统不但可以解决交通拥堵的头疼问题,还是展示国家经济、社会、技术的重要指标。如苏联的地下铁路系统便以车站装饰华丽出名,同时,朝鲜的首都平壤设置的地下铁路系统也装饰得十分华美。

城市轨道交通分为地铁和轻轨两种制式,地铁和轻轨都可以建在地下、地面或高架上。在我国的规范中,轴重相对较轻,单方向输送能力在 1 万～3 万人次每小时的轨道交通系统,称为轻轨;每小时客运量 3 万～8 万人次的轨道交通系统,称为地铁。

目前我国地铁站的基本空间结构形式有:地铁站出入口、站厅、站台和车辆(图 5-13 至图 5-15)。

图 5-13　地铁交通公共设施

图 5-14　道路隔音设施

图 5-15　地下停车场设施

三、交通空间的公共环境设施

城市中的交通空间设施设计通常有很多,这里摘取一些比较重要的设计来讲述,如城市中的自行车停放位置设计、公交车候车厅设计。

(一)自行车停放位置设计

我国有"自行车王国"的称号,由此可见,自行车在中国的使用数量之多、人数之庞大,它已经成为我国最为普遍的交通工具之一,自行车在空间中的停放是我们有效解决环境景观整体效果的重要因素。在不少的公共环境空间的周围或道路边,设计者们都会额外地设置一些固定的自行车停放点,一般多是遮棚的构造,也有很多采取的是一种相对简易的露天停放架或停放器设计。

1.自行车的停放方式

自行车的存放设施不但要考虑到它的功能,还要体现出一定的效益,最大限度地考虑到一定面积内的停放比率。自行车在存放时可用单侧式、双侧式、放射式、悬吊式与立挂式等多种方式,其中,以悬吊式与立挂式最为节省占地面积,但是缺点却是存取十分不便;而放射式则具有比较整齐、美观的摆放效果。

自行车的尺寸也不同,随着社会的发展,自行车设计方式也在发生较大的改变,同时,自行车的尺寸在向小型化、轻便化方向发展设计,如表 5-1 所示为自行车的尺寸。

表 5-1　自行车的尺寸(mm)

类型	长	宽	高
28 吋	1940	520～600	1150
26 吋	1820	520～600	1600
20 吋	1470	520～600	1000

自行车的停放场车棚内还要有照明、指示标志等辅助性基础设施。对于停放自行车的地面来讲,最好是选择受热不易产生变形的路面,如混凝土、天然石材等。在对车棚做雨水排放设计时,不仅要考虑到地面,同时还要兼顾到顶棚,可以在地面上铺置一些碎石块来防止棚顶的雨水对地面的冲刷,也可以设置一些排水槽等。

2.自行车停放的设施

(1)固定停车柱

这种交通设施在结构上通常采用支撑柱加强牢固性,而用地面固定的方式则是最为普遍的设计之一,除了能够停放自行车之外,还能够从体量方面强调领域性,拥有拦阻设施的效果(图5-16)。

图 5-16 自行车停放设施

(2)活动式车架

这种形式的车架可以分为移动式、可掩藏式两种。在设计上考虑到每组单体的可移动性,能够互相组合形成一个系列,也可随时进行拆装形成临时的自行车停放处。在体型上,这种车架也可设计得相对轻巧,便于搬动;或和地面相结合,使用时弹出地面,完毕后掩入地下,同时还可以作为地面的装饰,这样的设计一方面节省了空间,另一方面还美化了环境(图5-17)。

图 5-17　活动式自行车架

（3）综合式停车架

这种车架主要与其他的公共设施相结合，如栏杆、围栏、墙体、花坛的边缘等，其主要的优点是不但节省了大部分的空间，还能够把环境功能结构简化，做到和环境之间更好地结合。同时，还可能够采用与座椅、电话亭、售货亭等多种形式相结合的方法，是一种多功能综合式车架（图 5-18）。

图 5-18　综合式车架

3.停放架的设计原则

自行车停放有很多方面需要注意，如占地面积，设计的时候不但要考虑到自行车的摆放，如除了平放外，还可以采取阶层式的停放、半立式存放等多种多样的形式。除此之外，自行车架摆放时还要遵循一定的原则。

　　首先,要遵循节约空间,功能方便的原则。对这个原则的遵循,要注意车架在设计上对空间的充分利用,并尽量地节约空间,不仅是自行车停车架本身占用较少空间,并且在停放自行车后仍然能做到占用较小的空间。另外,还要求在减小占用空间的基础上方便自行车的停放(图 5-19)。

图 5-19　充分利用空间的设计

　　其次,利用已有的景观建筑。自行车的停车架最主要的功能就是为了停放自行车的,但是,假如不考虑周围的景观建筑及相应的构筑物的话,自行车停车架的设计会显得过于独立。即使设计的自行车停车架不是直接和周围构筑物结合,也应该考虑到其对周围景观建筑的影响(图 5-20)。

图 5-20　和周围建筑融为一体的停车架

最后,车架设计要求简洁明了、造型简单。自行车停车架设计要遵循使用最少的造型,达到最多的功能这一设计原则。设计时不要设计得过于复杂,太复杂反而对实现其功能会产生不利的影响(图 5-21)。

图 5-21　简单而实用的自行车停车架设计

(二)公交站亭的设计

公交站亭的主要功能是为了能够让乘客等车时享受便利、舒适的环境,保证人们的安全,由此可知,公交站亭在设计时需要具备防晒、防雨雪、防风等多种功能,材料上也要考虑到它们处于户外这一因素。一般公交站亭的使用材料多采用不锈钢、铝材、玻璃等易清洁的材料,在造型方面多保持开放的空间构成。

实际上,在满足公交车站的空间条件、空间尺度的情况下,还可以设置公交车亭、站台、站牌、遮阴棚、照明、垃圾箱、座椅等辅助性设施。城市中的公交站亭的一般长度多在 1.5～2 倍的标准车长,宽度也要大于 1.2m(图 5-22)。

图 5-22　公交站亭设计样式

1.公交站亭的类型

公交站亭的类型较多,但是其主要的有顶棚式、半封闭式、开放式。

顶棚式:只有顶棚与支撑设置,顶棚下是一个通透的开放空间,便于乘客随时查看来往的车辆,也可以单独地设置一个标志牌等。没有围合的公交站亭模型就是这样的一种顶棚式公交站亭(图 5-23)。

图 5-23　顶棚式公交站亭设计

半封闭式:这种站亭的设计主要是面向前面的道路与公交车驶来的方向不设阻隔,一般都是在背墙上应用顶棚,亭子的四个空间上最少要有一个面不设隔挡。如图 5-24 所示,地面和顶棚是必需的,而立面却可以自由的拆卸,且是相互独立的。

图 5-24　半封闭式公交站亭设计

开放式:开放式设计是在顶棚式的基础上进行的一种大胆创

新,把顶棚去掉,是没有顶棚设置的一种公交站亭。这种站亭实际上只是保留了地面,其他的面设计成开放空间。这种站亭设计通常要有相对合适的气候环境。如图 5-25 所示,公交车站亭的设计只有座椅与不锈钢管。不过,这种设计实际上是公交站亭的一个比较极端的例子。

图 5-25　开放式公交站点设计

2.公交站亭设计原则

(1)要易识别。易识别就是在设计公交站亭的时候要能够充分考虑到它所具有的良好识别性,使人可以在较远的地方就能认出或从周围的景观中识别出,具有很好的对比性。

(2)可以提升周边的景观环境。公交车站亭的自身具有一定的体量感,所以会对周围的环境产生影响,因此,在对公交站亭设计时要考虑到它与周围景观的协调性,要么做到良好的统一,要么形成良好的对比,以此来提升景观的形象。

(3)空间、功能的划分要明确。公交车站亭设计需要十分注意空间的划分,尤其是对人流中动静空间的划分,同时,还应该注意公交亭的功能划分,包括对座椅、垃圾箱、导示牌的设计和关系的处理。

(4)要有可视性。实际上,可视性与易识别性是不同的,可视性主要是指在公交站亭内候车的人要有比较好的观察视角,需要明确的是,公交站亭的设计不可以牺牲候车人的视野。

（5）具有地域性特色。公交站亭设计不仅要具备相对齐备的功能，还要和当地的景观相协调，能体现出一个城市具备的独特的地域文化（图 5-26）。

综上所述，公交站亭的设计需要遵循上述的原则，才会使公交站亭的设计更为人文化、更具协调性。

图 5-26　和周围环境相协调的公交站亭

第三节　公共服务设施设计

一、公共娱乐设施设计

公共娱乐设施主要是提供给儿童或成年人共同使用的娱乐与游艺设施，这种设施可以满足广大群众的游玩、休闲需求，能够锻炼人的智力与体能，丰富广大群众的生活内容。这类设施一般多被放置于公园、游乐场等环境中。

公共娱乐设施有两种类型：观览设施、娱乐设施。观览设施主要为游客观光提供便利，是辅助性质的娱乐设施，如缆车、单轨道车等；娱乐设施主要是为游客提供的娱乐性器械，如回转游乐设施等，在这里，我们主要讲述的是小型娱乐设施，如在公园中，可以依据游客的心理与生理特点，对设施的造型、尺度、色彩等进行综合设计。

公共娱乐设施的发展演变主要体现在儿童游戏设施上,他们的设施将娱乐与场所环境相结合,如科技馆、生物馆、植物园等。把开发智力、开阔眼界相结合,充分体现了娱乐设施的综合功能以及处于特定环境条件下的意义。

儿童类型的娱乐设施在娱乐设施的种类上所占比重较大,主要是沙坑、滑梯、秋千、跷跷板等多种组合型器材(图 5-27),这类的公共设施顾及儿童的年龄、季节、时间性等,也可根据需要因地制宜进行创作。在材料的选用上,要尽量采用玻璃钢、PVC、充气橡胶等,以免人体在活动过程中发生碰伤。

图 5-27　小区内的儿童娱乐设施

二、售货亭设计

售货亭的最大功能是为了满足人们便利的购物需求,这种设施遍布在广场旁、旅游场所等公共空间,随着社会化发展、商业经济的不断增长以及人们日常生活的需求,这种服务亭设施也趋于完善。

首先,我们能够将它视作城市环境里的点,对于它的位置、体量的确定应该按照它的使用目的、场景环境要求以及消费者群体的特征进行综合性的考虑。通常情况下,售货亭的体量都比较小、造型十分灵巧、特征也相对明确、分布较为普遍。

售货亭通常可分为固定式与流动式两种类型。

固定式的售货亭多和小型的建筑特征、形式、大小比较类似,而且体量不大、分布十分广泛,便于识别(图 5-28)。

图 5-28　公园固定式售货亭

　　流动式售货亭多为小型货车,其优点是机动性较好,如手推车、摩托车或拖斗车等,外观的色彩十分鲜艳、造型也十分别致,展示销售商品服务的类型。

　　自动售货机也是一种公共售货服务设施,其特点是外形十分小巧、机动灵活、销售比较便利,使城市中公共场所的销售设施进一步完善,满足了行人比较简单的需要。现在比较常见的投币式自动售货机主要销售香烟、饮料、冰淇淋、常见药品等,大多是箱状外形,配备了照明装置(图 5-29)。

图 5-29　自动售货机

三、垃圾桶设计

如今,现代城市生活节奏日益加快,人们的生活频率与高效率的办事方式都让广大群众对公共设施提出更高要求,基于此,人们对公共卫生设施的设计内容也变得更加具体、更加多样化,这些都极大程度地反映了现代城市生活环境卫生的提高,设施的广泛使用也促使城市卫生环境质量大幅度提升。现在城市公共卫生设施包括垃圾箱、公共卫生间、垃圾中转站等。这些设施的设计原则主要是强调生态平衡与环保意识,同时还要突出"以人为本"的设计理念,全面展示公共卫生设施在改善人们生活质量方面发挥的作用。

既然是公共垃圾箱,那么它们的主要作用就是为了收集公共场所里被人们丢弃的各种各样垃圾的,这也有利于人们对垃圾清理,以此来美化环境、促进生态和谐发展。公共垃圾桶主要设置于休息区、候车亭、旅游区等公共场所,可以单独存在实现功能,也可以和其他的公共设施一道共同构成合理的设施结构。

(一)普通型垃圾箱

普通型垃圾箱也叫"一般垃圾箱",其高度通常是为 50～60cm,在生活区里用的垃圾箱的体量一般较大,高度为 90～100cm。日常生活中我们所见最多的垃圾箱结构形式为固定式、活动式以及依托式;其造型的方式主要有箱式、桶式、斗式、罐式等多种,垃圾箱的制作材料、造型色彩等也是需要考虑的因素,要做到和环境配搭,给人们一种卫生洁净的感觉。

垃圾箱安装方式有很多,其中下列几种比较常见。

(1)固定式:垃圾箱与烟灰缸的主体设计大多使用不锈钢材质,削弱了箱体的体量,和环境融为一体(图 5-30)。

(2)活动式:活动式意思是可移动,维护和更换比较方便,多用于人流与空间变化较大的场所(图 5-31)。

（3）托式：这种箱体设计的体量通常比较轻巧，多依附于墙面、柱子或其他设施的界面，通常用于人流量比较大、空间又十分狭窄的场所（图 5-32）。

图 5-30　不锈钢垃圾桶

图 5-31　可移动垃圾桶

图 5-32　柱式垃圾箱

对于这类垃圾箱的设计也有一定的要求。第一是设计的造型要便于垃圾投放，主要强调实用性价值，投放口也要与实际相结合，尤其是在人流量比较大的活动场所，人们匆忙穿梭，经常会有将垃圾"抛"进垃圾箱的愿望。第二是垃圾箱的造型要便于垃圾的清除。垃圾清理的方式多种多样,通常使用的方式为可抽拉式。垃圾箱体有时还有密封性,主要是考虑其内部通风性与排水性。第三是要注意箱体的防雨防晒。这种方式一方面可采用造型特征加以解决,另一方面可通过使用的材质去实现。材料包括铁皮、硬制塑料、玻璃钢、釉陶、水泥等。第四是要根据场所来配置垃圾箱的数量与种类。如人流大的地区要多摆放些,这是因为这一地区的大量垃圾是纸袋,数量大,清理频繁。第五是要和环境做到协调统一。垃圾箱所具有的形态、色彩、材质等特征,应和周围的环境特征保持协调一致。

(二)分类型垃圾箱

垃圾箱的分类与回收再利用方式是现代文明发展的充分体现,现代社会,人们对不同类型的垃圾有了越来越多的新认识。对垃圾分类应该变成现代人的一种生活习惯,这些年,国外一些比较发达的国家推行垃圾分类的情况较好;而那些中等或不发达的国家里,这种意识的存在程度还较低,对垃圾进行分类是现代人改善生活环境与发展生态经济的重要方法之一。

城市的垃圾分类主要有下列几种。

可回收垃圾:如废纸、塑料、金属等。

不可回收垃圾:如果皮、剩饭菜等。

有害垃圾:如废电池、油漆、水银温度计、化妆品等。

分类垃圾箱的设计方法有多种,第一是按色彩的效果加以分类。如绿色代表可回收垃圾;黄色代表不可回收垃圾;红色代表有害垃圾。实际上,当今世界范围内并没有严格的垃圾分类的统一色彩要求,只是各地的人们按照地方用色习惯来进行的设计(图 5-33)。

第二是采用应用标识,这也是垃圾分类的一个重要的方式。我们知道,单纯地采用文字来区分是有限的,所以加上色彩和图形的表示作用就能有效地将垃圾进行分类了(图 5-34)。

图 5-33 颜色代表的垃圾箱回收类型

图 5-34 垃圾箱上的标识

四、公共饮水器设计

公共饮水器的主要功能是设置在公共场所内给人们提供卫生饮水的设施,这种设施在很多的欧美国家都能看到,但在我国却不是太多。这种设施的设置需要人们有足够的文明意识,还要求城市的给排水设施要十分的完善。在城市的公共区域如广场、休息场所、出入口等区域可以设置。

饮水器的设计主要有下列要求:

(1)通常在人口流量大、较集中的空间中设置。

(2)通常使用石材、金属、陶瓷等多种材料。

(3)饮水器的造型可以采用相对单纯的几何形体，也可采用组合形体，或者采用具有象征性的形式，做到既有功能设计又有外在视觉设计的结合。

(4)饮水器要有无障碍设计，其出水口的高度要有高低搭配设置，一般的使用高度是 100～110cm，但是一些比较低的是60～70cm。

(5)饮水器和地面的接触铺装要有一定的渗水性。

公共饮水机除了上述的场所之外，还可在市场、银行、医院等室内进行设置，便于人们饮用纯净水。纯净水的循环过程为：导水—出水—饮水—接水—下水—净水—回收再用(图 5-35)。

图 5-35　公共饮水器

五、公共卫生间设计

公共卫生间的设置充分体现现代城市的文明发展程度，充分突出以人为本的理念。通常情况下，公共卫生间的设置多在广场、街道、车站、公园等地，在一些人口比较密集以及人流量较大的地区要依据实际的情况来设定卫生间数量。它的造型设计、内部设备结构处理和管理质量,标志着一个城市的文明程度和经济水平。

公共卫生间的设计要遵循卫生、方便、经济、实用的原则,它是一种和人体有紧密接触的使用设施,因此它所具备的内部空间尺度也要符合人体工程学原理。

公共卫生间有固定式和临时式两种类型。固定式通常和小型的建筑形式相同;临时式则要按照实际需要加以设置,可以随时进行简易的拆除、移动。对于公共卫生间的设计有如下要求。

（一）与环境相协调

公共卫生间的设计要最大限度地和周围的环境协调统一,同时还要做到容易被人识别出来,但是也要避免太过突出。为了便于人们可以识别利用,可以结合标识或地面的铺装处理方式来加以引导(图 5-36)。

图 5-36　与环境相协调的公共卫生间

（二）设置表现方式

（1）为确保和环境相协调,在城市的主要广场、干道、休闲区域、商业街区等场所,常常采用和建筑物结合、地下或半地下的方式来设置。

(2)在公园、游览区、普通街道等场所,公共卫生间的设计往往会采用半地下、道路尽头或角落、侧面半遮挡、正面无遮挡的方式进行设置(图 5-37)。

(3)场所中临时需要的活动式卫生间。

图 5-37　公园内的公共卫生间

(三)安全配套设施

(1)活动范围内的安全考虑:主要有无障碍设计要求(如扶手位置、残疾人专用厕位等)、地面的防滑、避免尖锐的转角等。

(2)防范犯罪活动:厕所内的照明设施要加强、内部空间结构布置要简洁等。

(3)配套设施设计:卫生间内的配套设施要确保齐全与耐用,通常都是设置一些手纸盒、烟灰缸、垃圾桶、洗手盆、烘干机等,满足使用者的需求(图 5-38)。

图 5-38　公共卫生间内部设计

六、路盖设施设计

现代城市在持续发展,利用地下空间成为城市摆脱上空布满电线、管道等杂乱局面的有效方法。因此,对地下管道进行必要的路面盖具设计,对于形成城市美好形象等方面起到特别重要的作用。

(一)普通道路盖具

普通道路盖具的形状多是圆形、方形或格栅形,是水、电、煤气等管道检修口的面盖,使用的材料多是铸铁,但是现在的盖具设计也会和环境场景相结合,并配上合适的纹样图案让地面更具美感(图 5-39、图 5-40)。

图 5-39　唐山市区内的井盖

图 5-40　日本方形井盖

(二)树箅

保护树木根部的树箅也是盖具的形式,树箅的功能是确保地面平整,减少水土流失,保护树木的根部。树箅的大小需要按照树木的高度、胸径、根系来决定,在造型方面需要兼顾功能与美观两大方面,具有良好的渗水功能,同时还便于拆装。树箅通常使用石板、铁板等比较坚实的材料制作,色彩与造型也要和环境保持协调一致(图 5-41)。

图 5-41　北京街头树箅

七、排气口设计

排气口的设计是由于城市建筑发展而出现的一种功能性比较强的公共设施,是布置在各个大型的建筑、地铁等场所的排气设备,其主要的功能是把建筑内部的废气排出来。现在,设计师需要做的是在保证它的基本功能的同时,改变之前它的粗糙笨重形象,让造型和环境进行完美的融合。其设计要求如下。

(1)形态色调要和周围的环境、建筑协调一致(图5-42)。

(2)从其造型、色彩方面着手,把它们变成环境景观的一个组成部分,并对其本身粗陋的形象进行削弱,从而表现出来一定程度的艺术特色。

图5-42 与环境融合一体的地下排气口

第四节 公共信息设施设计

一、标识导向设计

标识导向设施是公共设施中的一种,它运用相对合理的技术和创作手法,通过对实用性与效力性的研究,创造出一个能够满足人们行为与心理需求的视觉识别系统。

随着当今社会经济的快速发展,人们对安全意识尤为关注,在这种背景下,以引导人们安全出行为目的的标示性设施也逐渐得到规范,其中最直接、最充分的公共信息设施是道路交通标识,它有很强的导向作用。另外,现代高速公路的标识导向系统也呈现出立体化、网络化的特征。这些基础设施能够传达出准确可靠的信息,确保城市环境更加安全,已经得到大众的广泛认可。

交通标识有很多种,其中最主要的包括警告标识、禁令标识、指示标识等,可以通过不同的图形与颜色的搭配来加以区分。

(一)地标设计

地标是一个城市中比较突出的建筑物,在空间中起着制高点的作用,是人们识别城市环境的重要标志。城市地标物,最突出的就是塔。塔的类型有很多,其中比较传统的有寺塔、钟楼等,现在的有电视塔。随着现代建筑技术水平的提高,塔的高度和规模也在持续地提升,功能应用也变得更加广泛。它涉及广播、广告、计时、通信等众多的作用,成为城市象征的标志(图5-43)。

此外,城市中的地表还有一些低的、具有浓厚历史韵味的建筑,如拱门、雕塑、树木等也可以作为地标物(图5-44)。

图 5-43　上海地标——东方明珠

图 5-44　法国历史地标——凯旋门

(二)导示牌设计

导示牌在设计上追求造型简洁、易读、易记、易识别。导示牌的功能不同、位置不同,则导示设计的形态尺度也会相应地不一样。导示系统能够在城市交通标识中最直接地体现出其重要性,能够让外来人迅速地找到准确的目标位置,以此解决交通问题。通常情况下,导示系统标识常常设在下列场所:

(1)交通醒目的位置:如道路交叉口、道路绿化带旁。

(2)各种场所的入口处(图 5-45)。

(3)大型建筑的立面处。

(4)环境以及建筑的局部位置,如在楼梯缓步台、地面、车体等处。

图 5-45　公园入口导示牌设计

二、公共电话亭设计

公共电话亭的设置也是现代城市信息系统的一部分,满足人们的需要。虽然在现代化的都市里,手机已经成为普遍的通话工具,但是电话亭的设置仍然有必要,它是人们进行信息联络的重要设施。公共电话亭的设计类型多种多样,从其本身的外在形式上来看有以下区别。

(1)隔音式:这种形式是在电话亭的四周采取封闭的界面加以布置,空间的围合感十分强,其具备良好的气候适应性以及隔音效果。

(2)半封闭/半开放式:这种形式的外形是不完全封闭的,但是从其整体的形式上来看空间围合感仍然比较强,具备了一定的防护性与隔音性。

(3)开放式:这种形式主要依附在墙、支座等界面或支撑物上,几乎没有空间围合感,其隔音的效果也不好,防护性比较低,但是这种设计的优点是外型十分轻巧,使用比较便捷。

当然,不管是何种形式,都要依据设施的环境与人们的使用频率来分类与安排(图 5-46)。

(a)封闭式电话亭　　(b)半封闭式电话亭　　(c)敞开式电话亭

图 5-46　各种不同形式的电话亭

三、公共钟表设计

城市环境中,计时钟(塔)是传达信息的重要公共设施。这种设施可以表达出城市所具备的文化以及效率,通常是在城市的街道、公园、广场、车站等场所中进行布置。计时钟(塔)表示时间的方法有机械类、电子类、仿古类等(图 5-47)。

图 5-47 不同类型的计时钟

设计计时钟(塔)时有下列需要注意的事项:

(1)在位置上,计时钟的尺度要有十分合适的高度与位置关系,造型在空间领域方面也要十分的醒目。

(2)要和附近的环境进行交好的互动关系,反映出这座城市的地域性,同时还要和整体环境相协调一致。

(3)计时钟的支撑结构与造型都要求十分完善,同时还要考虑到它的美观性。

（4）对计时钟要做好充足的防水性设计，要确保钟表足够牢固，同时还应该方便维护等。

计时钟（塔）很容易成为环境里的焦点，所以要在功能上和其他的类型相结合。

（1）和雕塑、花坛、喷泉等结合，在时钟发挥计时功能的同时还体现出它的美感。

（2）要采用多种多样的艺术手法设计，同时还要和现代的新型材质结合，塑造出具有现代气息的计时设备。

（3）最好是体现传统文化与现代文化的结合，赋予其更多的文化内涵。

四、广告与看板设计

（一）广告设计

在现代化城市中，广告是商品经济得以发展的必然结果，特别是在现代知识时代，商品、品牌的大力宣传、大众消费的普及以及销售的自助化发展，都在一定程度上促使广告得以快速的发展。

广告的发展要利用多种传播渠道，如电视、互联网、报刊、广播、灯光广告等，从城市的环境设计和景观的参与中来看，庞大的广告数量以及飞快的传递形式都对人民群众以及社会的变化产生了巨大的影响。在现代城市的公共环境中，室外广告是广告的主要表现形式。主要可分为表现内容与设置场所两大类。只是来看表现内容的话，室外广告可分下列内容：

（1）指示诱导广告。其主要的形式如招牌、幌子等，内容为介绍经营性的广告如产品介绍、展示橱窗等其他的广告形式，其中，宣传广告橱窗主要有壁面广告、悬挂广告、立地广告等。

（2）散置广告。主要形式包括广告塔、广告亭。

（3）风动广告。主要包括旗帜广告、气球广告、垂幔广告等。

（4）交通广告。主要包括车载流动广告、人身携带广告等。

在对广告设计时，要注意其设计要点：广告牌的尺度、取向、面幅、构造的方式等，要和它所依附的建筑物进行良好的关系处理，同时还要充分考虑到主体建筑的性质与建筑的特点，使之互相映衬，形成良好的配合。

在进行广告牌设置的时候还要注意不同时间的效果，如白天的印象与夜晚的照明效果（图5-48），单体和群体的景观效应等。

最后需要注意的是，在设置广告牌的时候一定要符合道路与环境的规划以及相关的法律法规，还要考虑到广告牌的朝向、风雨、安全等多方面的因素。

图 5-48　白天和夜晚对比的室外广告牌设计

（二）看板设计

所谓看板，就是指人们通过版面阅读，获得各种信息的有效途径，这也是信息传播的一种有效设施，在城市环境中这种设施多放置在路口、街道、广场、小区等公共的场所，提供给人们各种新闻与社会信息。

看板其实是对告示板与宣传栏的总称，它的作用主要是传达工作时间、声明告示、社会信息等（图5-49），近年来，在城市的街头出现了一种电脑询问设备，同时还设置了一种大型的电视显示屏、电子展示板等。

根据看板的面幅与长度，可以把看板分为牌、板、栏、廊四类。其中最小的叫牌，通常边长要小于 0.6m；边长为 1m 或超过 1m 的板面也常称为板；较长的为栏，最长的则为廊。

看板设计和广告、标志有直接的关联，但是也有一定的特殊性。设计看板时,首先要明确看板将要设置的地点,其中主要是以街头、桥头、广场的出入口最佳,不但要方便人们发现与观看,而且也没必要让它在环境中过于醒目。

其次是看板所用的材料、色彩等多个方面也应考虑和周围的场所与环境的一致性,同时还应该考虑更换内容、灯光照明、设施维护、防水处理等方面的问题。看板在具有传递信息的同时,还扮演着装饰、导向和划分空间的角色,由此可知,看板的造型需要具有一定的审美功能。

看板的设计最好要有一定的雕塑感,同时还可以与计时装置、照明、亭廊等建筑之间进行有机的结合。

图 5-49　看板信息展示

第六章　公共艺术设计创意与表现

　　创意设计是不同于常规设计的设计方式,它往往运用创意思维,如抽象与形象思维、灵感思维、发散思维、逆向思维、集合创造性思维、辐合思维等进行思考,然后发现各种创造性强的方法,最终用各种表现方法表现出来。本章即是对此进行分析。

第一节　公共艺术设计创意思维

　　创造性思维不同于一般性思维的基本特性,它具有独立性、流畅性、多向性、跨越性、综合性等特点。就创造性思维的方式和结果而言,只要思维对象、采用的方式、材料是新颖的,我们都称之为创造性思维。

一、创造性思维的分类

　　创造性思维是设计方法的核心,贯穿于设计的始终,可分为形象思维与概念(抽象)思维、直觉思维与分析思维、发散思维与聚合思维、正向思维与逆向思维等多种不同的方式。以下选取典型的几种进行介绍。

　　(一)抽象思维

　　抽象思维是运用抽象概念进行设计思维的方法,较偏重于抽象概念,是以表象的一定条件为基础构成的,并可脱离于表象,是一般包括个别。抽象思维的概念偏重于普遍化,概括的普遍化结果是形成理论的范畴。设计中的归纳演绎、分析和综合、抽象和具体等形式,都是抽象思维的常用方法。当形象思维能力达到一定阈限,而抽象思维能力突出时,才能产生创造性思维;抽象思维和形象思维能力都不突出时,不可能产生创造性思维。

(二)形象思维

形象思维就是以感觉形象作为媒介的思维方法,即运用形象来进行合乎逻辑的思维。其特征一是形象性;二是逻辑性;三是情感性;四是想象性。想象性是其根本性特征。因此形象思维是一种典型的创造性思维,称设计思维,是一种对生活的审美认识。审美认识的感性阶段,是对生活的深入观察体验发现美,得到关于现实中美的事物的表象;审美认识理性阶段,则是审美意识充分发挥主观能动作用,将表象加工成内心视像,最后设计出审美意象。当抽象思维能力达到一定阈限,而形象思维能力突出时,才能产生创造性思维。当形象思维和抽象思维能力都达到一定高度时,是创造性思维最理想的境地,也是最突出的设计思维。

(三)灵感思维

灵感思维是借助于某种因素的直觉启示而诱发突如其来的创造灵感的设计思维方式,及时捕捉灵感火花,得到新的设计和发明创造的线索、途径,产生新的结果。灵感思维还可细分为寻求诱因灵感法、追捕热线灵感法、暗示右脑灵感法、梦境灵感法等。灵感思维是一种把隐藏的潜意识信息以适当形式突然表现出来的创造性思维的重要形式。

(四)发散思维

发散思维是从一个思维起点向许多方向扩展的设计思维方式,也称求异思维或辐射思维。如一题多解:小小的一把美工刀,看起来只能用于切割、裁削,但从发散思维的角度看这把美工刀,就可举出其应用于生活、学习、游戏、工作、运输、施工等各个方面的无数用途。发散思维具有流畅、变通、独特三个不同层次的特性。积极开发发散思维的能力需克服若干心理误区：一是思路固定单一模式的误区；二是明显陷入错误的歧途而不可自拔。这就是要抛弃错误结论，迅速进入新的思考。要准确把握与判断发散思维成功与否，需要广博的学识和善于吸收多种学科的知识，厚积薄发，广开思路，有意识地促进发散思维突破的契机。

（五）逆向思维

逆向思维又称"反向思维法"，即把思维方向逆转，用和常人或自己原来想法对立的，或与约定俗成的观念截然相反的设计思维方法。比如火，通常观念用的灶具只能是金属与陶瓷的容器，能耐火烧烤；纸，是易燃的，设计史上没有人用纸作灶具的。"纸"不容于"火"是约定俗成的概念。万万没想到日本一位设计师利用纸的优势，采用新技术通过加工使之达到普通火焰温度不易燃烧的程度，制成器具，用于烧烤。这便是逆向思维设计方法的典范。

（六）集合创造性思维

为了创造发明和开发设计新产品，在两个人以上的集体讨论中，激发每一个人的创造性思维活动的方法。通常是在限定的时间里，集中一定数量的人针对一个问题利用智力互激、结合，从而产生高质量的创意。如美国人奥斯本提出的"大脑风暴法"，还有"高顿思考法""653法""MBS法""GNP法""CBS法"等。原则上都是让与会者集体发挥智慧的设计创作方法。

（七）辐合思维

辐合思维是遵循单一的求同思维或定向思维模式求取答案的设计思维方法，即以某一思考对象为中心，从不同角度、不同方面将思路集中指向该对象，寻求解决问题的最佳答案的思维形式。例如，利用市场调查收集到的多种现成的材料归纳出一种结论或方案。在设想或设计的实现阶段,这种思维形式占主导地位。

在创造性思维开发的具体进程中,方法是多种多样的,目前世界上已总结出来的就有 300 多种。如异同自辨的异同方法,纵串横联、交叉渗透的立体思考法,寻根究底、由果推因的逆向思维法,宏微相连的系统想象法,打破常规、以变思变的标新立异法等。其中最著名的有智力激励法和检核表法等。

二、公共艺术设计创意思维的实践

(一)前期准备

前期准备包括环境分析、参观和收集地段信息、阅读任务书、了解环境的主要功能组成及影响创作的各种外部环境因素。在此过程中,也可以通过抽象调查或直接与公众沟通和交流,完成对公众审美价值取向的判断。

(二)创作意图

前期准备工作越深入,对创作意图的体会就越深刻,在这个过程中,艺术家会逐渐进入创作角色。创作意图包含以下几类。

(1)功能性:因艺术功能的要求和对功能的思考而建立。

(2)环境性:基于对环境的形态、空间的分析而建立。

(3)文化性因对项目所处地域的社会历史或文化的理解而建立。

(4)哲理性:通过对哲学或艺术理念的思考而建立。

(5)装饰性:因特殊环境的装饰和点缀的要求而建立。

(6)娱乐性:因公共环境的特殊性和营造气氛诉求而建立。

(三)创作形象

创作意图不仅仅是一个概念性的想法,它要把概念转变为艺术形象,也就是说必须用艺术语言来表达创作意图,让创作意图转变成艺术作品。这一形象思维的目标在于用恰当的艺术空间和实体形式表达意图。在这个过程中,创作草图是非常重要的,它可以帮助理清思想的种种头绪,并使创作具备雏形。

创作意图虽已逐渐形象化,但它仍需作进一步推敲、深化和完善。从创作意图过程来看,意图的产生、意图的形象化及形象的呈现阶段是创作意图过程的关键。

第二节　公共艺术设计创意方法

一、基于发现与复制的设计

最早在艺术创作中使用现成品的作品,是法国艺术家马歇尔·杜桑的《自行车轮》《泉》。最初目的是为了揭示艺术与非艺术界限的模糊状态,并表达对传统艺术的戏谑。20 世纪 60 年代起,以奥登伯格为代表的美国波普艺术家继承了这一传统,并在公共空间中将复制现成品的公共艺术创作方法发扬光大。这种发现现成品之美并在公共空间中放大表现出来的创作过程,考验的是设计者发现和复制的能力,是对想象力的挑战。具体创意方法有以下几种。

图 6-1　《自行车轮》

(1)单体现成品公共艺术作品的设计过程,主要锻炼发现现成品形式美感的能力,不要求对现成品变形或组合,只需要根据环境决定尺度、角度等基本问题即可。图 6-1 为设计师马歇尔·杜桑及他设计的《自行车轮》。作为一件作品,这个被倒置在普通圆凳上的车轮丧失了实用性,而具有了某种意义,尤其可以调侃当时的高雅艺术。

（2）在上一组团的基础上，锻炼对现成品形态加以改变，使其更具有形式美感并更加适应环境的能力。图 6-2 是奥登伯格的作品《花园水管》，它以花园中常见的水龙头和胶皮管为造型元素，借鉴了纤维艺术对线形材料的扭转、缠绕、盘曲等处理手法，形成了富于变化、疏密得当的形式美感。同时作品还结合水体设计，胶皮管尽头的水源还注入了旁边的池塘，更具有不可思议的真实效果。

图 6-2 《花园水管》

（3）重点锻炼对多个同类型或不同类型现成品组合运用的能力，要求组合后的作品形式感丰富，与环境良好契合。如《汤匙和樱桃》（图 6-3）是奥登伯格在美国明尼阿波利斯市的一件作品。由于单体樱桃为圆形，轮廓缺乏丰富变化，因此奥登伯格加上了另一种现成品

图 6-3 《汤匙和樱桃》

元素——餐勺，并依靠餐勺的特殊形态与环境水体巧妙融合，使整件作品既诙谐又富于形式感，也是两种不同现成品元素进行组合搭配并取得成功的经典范例。

(4)公共艺术设计中同一现成品只有一部分显露在地面上。该组团对作品与环境契合的要求更高,同时锻炼设计者对更大尺度作品及基地全局把握的能力。

如《被掩埋的自行车》(图 6-4)位于法国巴黎维莱特公园,是奥登伯格系列公共艺术作品中占地面积最大的一组。作品选用了一种和法国颇有渊源的现成品——自行车作为主要元素。考虑到公园场地的广阔面积后,奥登伯格决定作品应具有较大尺度并由露出地表的实体和地下的虚空部分按自行车的特定结构组成。每个单体都考虑了游客特别是儿童攀爬游戏的可能性。为了区别于公园内的一些红色小建筑,作品选择了蓝色为主色调。

图 6-4 《被掩埋的自行车》

(5)运用框架形式表现现成品的公共艺术设计方式,这一部分主要锻炼对现成品形态的提炼、简化和抽象的能力。与前两例相比,位于美国爱荷华州州府得梅因的作品《克鲁索的伞》(Crusoe Umbrella,1979,图 6-5)利用物体的结构骨架进行创作,显得别具一格。奥登伯格受到《鲁滨逊漂流记》的启发,以鲁滨逊的第一件手工制品——伞为主要元素进行创作。由于鲁滨逊的伞只可能是用枝条制成的,因此奥登伯格的伞也必须结构化。他按照基地形态和形式美规律将伞倾斜布置以追求动感、均衡和指向性间的平衡,并完全按照伞的"结构骨架"而非轮廓来组织形式语言,取得了简洁、震撼并富于神秘色彩的艺术效果。

图 6-5 《克鲁索的伞》

（6）利用现成品形态拟人或模仿动物的类型，在全面掌握前面五个组团内容的基础之上，具有丰富想象力和较强自由创作能力，从而提升作品的艺术内涵。如《铲刀Ⅰ》（图 6-6）是奥登伯格最早的大型室外作品之一，最初的创作目的只是想证明艺术作品不一定需要基座，只是插进泥土中就可以。完工后的作品酷似一个人的胸像，寻常的主题元素与超乎寻常的尺度被以符合形式美的逻辑组合到一起，引发人们的童心、好奇心与探索欲望，这正是现成品公其艺术的精髓所在。

图 6-6 《铲刀Ⅰ》

（7）展示现成品在多个领域艺术创作中不拘一格的运用方式。如美国艺术家杰夫·库恩斯的作品《充气狗》（图 6-7），分别为室内展示作品和位于柏林的公共艺术作品。

图 6-7　《充气狗》

（8）展示了现成品在立体构成、配饰设计等的运用。如下图的作品充分利用自行车链条的统一、重复等形式美要素，以渐变和韵律为主要手法，产生了华丽、冷峻的视觉效果，兼具历史韵味与时代感（图 6-8）。

图 6-8①

二、基于图像表达的设计

绘画，更确切地说是二维图像表达，也是重要的公共艺术创

---

①　天津大学建筑学院学生作品，指导教师赵静、王坤。

作设计方法之一。在世界范围内有很多画家介入公共空间的立体造型创作,成绩斐然,西班牙艺术大师毕加索、美国青年艺术家基斯·哈林、日本艺术家关根伸夫和新宫晋就是其中的代表人物。这些画家以深厚的绘画素养为基础,对特定二维绘画中的主要形式加以提炼整合,并依托适当的载体将其布置在公共空间中,使作品在特定角度具有优美的形式感,并在一定程度上对基地环境有所考虑。具体的创意方法有以下几种。

(1)将绘画本身或绘画中的形象直接转换成三维形态并布置到公共环境中,如毕加索的作品(图6-9)。作为公认的西方现代雕塑创始人之一,毕加索于二战后接受了一系列公共委托。其中毕加索最大、最知名也最引起争议的公共艺术作品1967年落成于美国芝加哥。这件没有确切名字的巨大作品曾引起观众纷纷猜测,认为大师表现了狒狒或海马者不在少数。事实上这件作品和毕加索将不同形象打散重构的手法一脉相承,是阿富汗猎犬与女人脸的混合体。

这件被冠以《毕加索》之名的作品,其形态主要由切割钢板拼接而成,面体之间的空间关系完全符合对称、均衡、对比、变化等形式美原则。所以虽然第一眼看上去令人难以捉摸,久而久之却被越来越多的人接受,并渐渐成为芝加哥的象征之一。

该作品的创作过程也颇具戏剧性。20世纪五六十年代之交的芝加哥希望一位世界级艺术大师为空旷的市政广场创作艺术品,以提升芝加哥的形象。毕加索接受邀请,并创作了1.05m高的模型免费赠送给该市,建筑师根据广场面积和周边建筑环境比例将尺度定在15.2m。作品在印第安纳州葛里市美国钢铁公司桥梁部制作后拆解运抵芝加哥安装。在《毕加索》建设过程中引起的争议及三个基金会提供资金的运

图6-9 《毕加索》

作模式,拉开了美国百分比艺术模式正规化的序幕,在公共艺术

史上具有开创性意义。

（2）放弃绘画表面信息，只利用剪影轮廓进行公共空间三维艺术创作的内容。如图 6-10 所示为西班牙巴塞罗那米罗公园图书馆大门。作者独出心裁地采用队列人形剪影，姿态各异，富于运动感和生活气息，视觉效果新颖且充满谐趣。游客常攀附其上嬉戏或模仿其姿势合影。

图 6-10　米罗公园图书馆大门

（3）着重以"图底关系"理论为基础，利用剪影中的负形进行创作与设计。如图 6-11 所示是位于日本兵库县神户市兵库区南部新开地的公共艺术品，选用了标志性的着礼帽男性的正面及侧面轮廓作为负形，辅之以醒目的色彩，视觉效果简洁明确，创意令人耳目一新。

图 6-11

（4）利用三维片体的横截面，模拟二维绘画中的笔触与色块的独特方法。这种形式较为新颖，但普及面相对较窄。如德国波恩的贝多芬纪念性雕塑（图 6-12）是错觉艺术家克劳斯·卡梅里希斯以约瑟夫·卡尔·施蒂勒绘制的贝多芬经典肖像为创作原型，利用混凝土片状结构模仿原画的高光、阴影及笔触组构而成，所有的片状结构都只有正视角一个维度的变化，可以理解成一种对具象形象的抽象化。

图 6-12　贝多芬纪念性雕塑及原画

（5）以建模软件中通过推拉动作改变平面厚度的工具为基础，通过增加厚度使二维图像适应公共空间。首先使用"推拉工具"方法对二维拉丁字母进行处理的艺术家是罗伯特。和其他波普艺术家一样，他的作品主要来自大众传媒和平面广告，对字符的直白使用是印第安纳艺术的一个显著特征，特别是"LOVE""DIE""EAT"。这些字符在招贴、广告等平面艺术中的运用既表达了它们本身就具备的信息，又超越了它们所传达的信息而上升为一种流行文化的符号。当印第安纳将"LOVE"拉伸以具有一定的

图 6-13　《LOVE》

三维厚度，并按照符合形式美的原则将其排列起来后，就产生了

风靡世界的《LOVE》(图 6-13)公共艺术品。

　　(6)以二维板材为基本元素,通过插接和拼装获得三维形态。如奥登伯格的《几何形耗子》(图 6-14)是一个抽象雕塑的堂堂大作,是由几个很重的、联结在一起的金属板组成的,它在形式上有鲜明的构成特征,不同的几何形板状结构构成了要表现的物体,板在这里成了最基本的构成要素。

图 6-14　奥登伯格《几何形耗子》

　　(7)充分发挥二维面材特性,利用折纸的多种表现手法获得三维体积。如哥伦比亚艺术家艾特盖尔格列创作的《金属形态》(图 6-15),作品的主体结构精确地张开,既体现着钢铁的张力,又宣扬着植物般的内在生命力。所有的节点处使用了铆钉联结而非通常的焊接,反而具有前工业化时代朴素、厚重、坚实的美感。

图 6-15　艾特盖尔格列《金属形态》

三、基于几何美感的设计

作为公共艺术大家族中的重要一支,构成型公共艺术是构成主义艺术在公共空间的延伸。这些作品摒弃了对具象事物的表现,直接按照视觉规律、力学原理、心理特征、审美法则,将一定的形态元素如点、线、面、体进行创造性组合,从而产生富有意味的形态。它的具体创意方法有以下几种。

(1)利用渐变构成法则展开公共艺术设计。如德国法兰克福金融中心入口处的渐变构成型公共艺术作品(图 6-16),作品以高度抛光的不锈钢圆柱为基本线材,采用较小的间距,沿双水平轴心等距扭转,线材旋转的框边形成两道美妙、规整的弧线,原本存在的直线与视觉形成的弧线产生强烈的对比。整件作品既富于秩序感,又产生了强烈的冲突感,与周边现代风格的建筑环境和快节奏的人文环境十分契合。

图 6-16　法兰克福金融中心入口艺术品

(2)利用线构成(包括直线构成和曲线构成)的相关法则展开公共艺术设计。出生于法国的伯纳尔·维尼特是一位善于用线构形的艺术家。他以法国埃菲尔铁塔为背景的另一组《模糊线》(图 6-17),利用任意性与偶然性,与铁塔的规整形成对比。

图 6-17　《模糊线》

　　(3)利用面构成法则展开公共艺术设计。它的创作方式主要包含两种,一是面材的插接,二是面材的卷曲。面材之间的组合、插接能够产生优美、多变的形式感,起到活跃环境的艺术效果。这些作品往往单体尺度较小,强调插接、咬合关系,便于布置到已完成设计的硬质都市环境中,属于深化艺术设计的一部分。

　　马克斯·比尔的作品《继续》(图 6-18)明显使用了多次曲折、扭转变化后的莫比乌斯环为基本形,相较他以前的作品其形态无疑复杂了许多。除了形式新颖外,作品自身还具有稳定、对称、变化、统一等多重形式美感,并产生了极大的张力、动感和对空间的控制。高超的加工工艺也使大理石表面光滑肌理的艺术效果发挥到极致,是艺术与科技结合的经典公共艺术作品。

图 6-18　《继续》

　　(4)利用重复构成法则展开公共艺术设计。最早在室外作品中运用重复手法的是罗马尼亚雕塑大师康斯坦丁·布朗库西。他为罗马尼亚设计的特尔古系列作品《无尽柱》(图 6-19)就是其中的代表。为了纪念一战中牺牲在纪乌河畔的罗马尼亚战士,作品采用十六个相同的多边形,一个个相连直至深远的天空,似乎无尽无休。

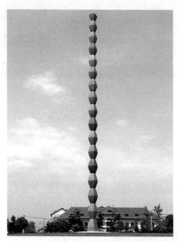

图 6-19　《无尽柱》

(5)利用均衡的构成法则展开公共艺术设计。对以立方体为基本构成元素的作品来说,比渐变或重复更复杂的构成方式是实现不对称的均衡。因此,我们这里所说的均衡主要是指不对称的均衡。如詹姆斯·罗萨蒂设计的位于美国纽约世界贸易组织中心的《表意符号》(图 6-20),大尺度的不锈钢长方体与周边横平竖直的现代派建筑有所呼应,但其充满跃动感的布置方式又彰显着艺术的不羁,暗示着现代社会中不确定的个人生活。该作品在各个角度

图 6-20　《表意符号》

都实现了经典的不对称均衡,也是极少主义风格的公共艺术中相当具有欣赏性的作品。

(6)利用节奏与韵律的构成法则展开公共艺术设计。如史密

斯的《蛇出来了》(图 6-21)从不同视角展现了形态的变化莫测,令人着迷。

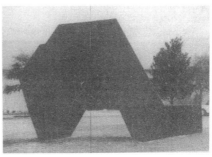

图 6-21　《蛇出来了》

(7)利用对比与调和的构成法则展开公共艺术设计。生于澳大利亚墨尔本的艺术家麦德摩尔作品中实现的对比与调和是相对单纯和简约的美,西班牙艺术家爱德华·奇达利则将构成型式中的对比与调和推向更复杂的高度,甚至更接近有机形态。他最著名的作品《风之梳》(图 6-22)采用一系列位置独立又保持形式联系的构成,与礁石融为一体,仿佛正在梳理海风又仿佛为海风的力量所弯折,似乎预示着人与自然既抗争又和谐共存的关系。

图 6-22　《风之梳》

四、基于运动的设计

作品具有能动性是现代公共艺术的一大特征。许多艺术家借助精密金属加工技术与声光电技术赋予自己的作品能动性,从而打破了单一的静止状态,实现了更丰富多变的艺术效果。创作的作品有以下几种。

(1)风动型公共艺术,是能动型公共艺术大家族中数量最多的。新宫晋是日本著名的风动艺术家,他曾为美国波士顿水族馆创作公共艺术品《鲸》(图 6-23)。作品形态虽已经过极简抽象,依然可以分辨出鲸的形态,尾部和背部是二维剪影,其他部分是开放的框架结构,虚实得当,不但颇为传神而且憨态可掬。较高的支架使作品更为醒目,两头基本对称的鲸不但随风力绕中央枢轴做水平旋转,而且也能各自绕轴做一定角度的俯仰变化,红色的涂装更是增添了活力,颇具卡通效果与喜庆气氛。

图 6-23 《鲸》

(2)水动型公共艺术。与水景工程结合的欧洲公共艺术中知名度最高的当属巴黎蓬皮杜艺术中心旁由一对艺术伴侣尼基·德-圣法尔和让·廷盖里联手设计的作品。这是一组由多个不同形态、主题的艺术品组合而成的大型公共艺术。德-圣法尔以色彩鲜艳、形态夸张的人物或动物造型见长,善于营造幽默、狂欢的艺术效果(图 6-24)。廷盖里则善于利用废旧金属拼接,以表现机械文明终结的主题(图 6-25)。这两位风格相去甚远的艺术家联手反而产生了意想不到的效果,两者作品形成了一明一暗、一动一静、一张扬一内敛的强烈对比,令人印象深刻。

图 6-24　尼基·德-圣法尔的作品

图 6-25　让·廷盖里的作品

(3)电动型公共艺术。图 6-26 为日本箱根雕塑公园中的一件电动公共艺术品。作品的基本造型手法没有离开线构成的范畴,布局上也基本遵循着重复等形式美法则。但是作者为作品加上了能动元素,使四个金属圈转动起来,从而成功模仿出香烟点燃后袅袅升起的烟圈,富于幽默色彩。

图 6-26　箱根雕塑公园作品

　　（4）综合运用光电技术赋予作品动感的公共艺术设计。图 6-27 为美国都市地下空间中的人形霓虹灯作品。作者充分利用霓虹灯管在高温下可改变形态的特性，塑造出简练而富于动感的形象，为原本封闭沉闷的环境增添了活力与欢快气氛。

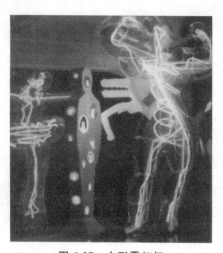

图 6-27　人形霓虹灯

五、基于环境的设计

　　与传统雕塑相比，公共艺术作品对表达主题的要求相对较低,但是对与环境融合的要求很高,因此在世界范围内出现了大量针对特定环境设计的中小型公共艺术作品。它的设计可以采用以下方法。

(1)使公共艺术设计作品适应现有空间尺度和形态。最能鲜明体现这一特征的莫过于日裔美籍艺术家野口勇于 1968 年落成的《红色立方体》(图 6-28)。作品位于纽约百老汇大街米兰海运大厦前,距著名的曼哈顿银行广场下沉式庭院咫尺之遥。

《红色立方体》没有引入野口勇惯用的水、光、电等能动科技要素,而是具有典型的构成雕塑特征。因为雕塑设置地毗邻华尔街,寸土寸金,高楼大厦比肩而立,广场不但狭小而且光照严重不足,所以野口勇采用与周边横平竖直的建筑有所统一的立方体为基本造型元素,倾斜之后具有三方面特殊效果:其一,倾斜后的角度带有更多随机性与艺术性,与建筑环境统一中有对比;其二,倾斜后,作品尺度未变,但占据了更大的心理空间;其三,增加的空洞进一步丰富了空间,与平面的面积比也很均衡。它为局促的广场带来了生机与活力。

图 6-28 《红色立方体》

(2)将公共艺术作品与现有建筑结合起来,以使作品具有更好的视角和更多的受众。如托尼·史密斯在美国克利夫兰市中心设计的作品(图 6-29)。该作品通体红色,与背景建筑的深色调形成鲜明对比。在形体上强调不同维度的微妙变化,也与横平竖直的建筑既统一又对立。最具特色的是史密斯将作品与建筑结构连接在一起,既节省了空间,也抬高了自身的视角。

图 6-29　托尼·史密斯作品

　　(3)根据环境特征运用公共艺术的物质材料及相关工艺。如日本东京都世田谷区一公园的《风景之门》(图 6-30),上部用形态高度规整、表面处理平滑的不锈钢体作楣,体现着与自然环境的强烈对比。下部则由当地所产稻田石粗糙雕凿后为柱,从而实现与自然环境的紧密呼应。

图 6-30　《风景之门》

　　(4)利用不锈钢,特别是不锈钢球体的反射特性映射周边环境景物,从而融入环境。如 1922 年生于比利时的艺术家波尔·贝瑞最具代表性的作品——《法国王宫广场喷泉》(图 6-31)。根据广场形态,两组喷泉隔开一定距离对称布置,下部为喷泉,上部则是置于青铜基座上的一组十余个不锈钢圆球,并根据高低、疏密不同错落布置,宛若带有有机体的特征,令人与珍珠、葡萄和泡沫联系起来。每个高度抛光的不锈钢球面都从自己的角度反射着天空和周边建筑。

图 6-31 《法国王宫广场喷泉》

(5)利用空间形态,设置不基于传统底座,而是悬挂于山谷之间或建筑物顶棚之上的公共艺术作品。如拉里·柯克兰德为美国加利福尼亚科学中心大厅设计的作品(图 6-32),作者以 1600 个玻璃球体为基本元素,以与地面的花岗岩 DNA 切片图案相对应。在具体手法上作者运用了重复、渐变等形式美法则,表现出富于秩序的美感,作品的位置也赋予其轻盈感。

图 6-32 拉里·柯克兰德作品

(6)将公共艺术作品与交通流线结合,通过使作品底部通透以保证行人穿过,既节省了空间,又实现了公共艺术中很重要的一点——互动性。如 1974 年落成于芝加哥由考尔德设计的《火烈鸟》(亦译为《红鹤》,图 6-33),其造型明显体现出考尔德早年在欧洲受到的超现实主义影响,隐约显出高度抽象化的鸟类特征。就形式而言,考尔德沿用了他在活动雕塑中发展起来的有机形态,利用二维的钢板在三维空间中营造空间,塑造形态,大量支撑面的增加既稳固了结构,又丰富了视觉观感和光影变化。作品通体呈现鲜艳的红色,在沉闷的摩天大楼背景中格外醒目。在这座光照严重不足的广场上,人们穿行其间,无疑能够感受到视觉上的振奋和昂扬的气息。

图 6-33 《火烈鸟》

(7)使作品与所在环境的人文属性结合。如位于法国尼斯科拉斯小镇香水城的一件用大量古典香水瓶拼接起来的公共艺术品(图 6-34),令游客对这一地区的主要物产、特色一望即明,胜过任何文字宣传和平面 Logo。这种集合手法的运用以及支撑结构的形态来看,都与阿尔曼的《雷莫船长》十分相近,所以这很可能是他的作品。

图 6-34

（8）采用造陆运动①的手法，设计改变自然面貌的公共艺术。图 6-35 是美籍艺术家加瓦切夫·克里斯托（Javacheff Christo）1970—1972 年的大地艺术作品《山谷幕》。300 多米长的尼龙布，由钢索支撑在美国科罗拉多州的山谷间，形成了一道美妙的屏障，营造出壮观的视觉冲击力。"布"在此时有了极强的象征意义，它以一种柔和且事后不留痕迹的方式担负起了改造"第一自然"的作用，并通过这种方式传达了作者的艺术观。由于作品在自然中进行，克里斯托向美国政府递交了数百页的可行性报告，环境作用、经济成本、交通环境甚至于生物学因素都包含在内，并成功通过了政府的听证会，这种学科交叉和高科技含量也是现代公共艺术的显著特征。

图 6-35　《山谷幕》

六、基于人体工学的设计

在设计中，将实用功能与造型结合在一起，或者说赋予造型以特定功能，是公共艺术与传统雕塑最显著的区别之一。当然，

---

　　① 造陆运动是一个地质学术语，主要指地壳在长时期内沿垂直方向做反复升降的运动，低平的陆地与海洋多由此形成。这一术语用来比喻公共艺术中的一个特殊门类——以改变自然面貌为标志的大地艺术显然十分恰当。

公共艺术品在实现功能的同时,更要显现自身的形式美感与艺术独创性。这类设计的具体方法分为以下几种。

(1)设计形式优美、在适应环境之外还巧妙提供休息功能的公共艺术。如图 6-36 中的作品采用了光滑的不锈钢材质并塑造出优美的曲线,它是由座凳形式对使用者行为影响原则决定的,图中的弧形是为了兼顾观景和交谈,坐在凸面适于观景,凹面适于交谈。

图 6-36

(2)利用公共艺术设计改造市政设施。公共艺术不但能以艺术品的形式独立存在,也能通过改造其他市政设施实现自身价值,改造的目的是赋予这些功能性的、很多时候千篇一律的设施以幽默、活力和美。例如德国法兰克福市内的著名公共艺术——由建筑师皮特·皮宁斯基在 1986 年设计的博根海姆地铁站入口(图 6-37)。这个地铁站是法兰克福市中心以西重要的中转站,在 20 世纪 80 年代中期的改造中,原本呆板守旧的入口被设计师大胆改造。改造后的入口仿佛一节车厢爆炸着冲出地面,周围是碎裂的地面砖石,让人在神经紧张之余又不免开心一笑,设计师的目的也就达到了。

(3)利用公共艺术作品提供标识功能。标识设施设计通常更贴近工业设计范畴,设计出的设施通常要达到统一、多样、合理、

图 6-37　博根海姆地铁站入口

协调、简明、安全等设计要求,只有经过深度艺术处理,才能加深人们的印象,提升所在环境的艺术品位。要做到这一点,简单的办法是通过在造型上拟人或仿生。如德国汉诺威市步行街上的标识牌(图 6-38),利用高度抽象的形式语言模仿人类形象,使人产生似曾相识的心理感受,提高注意度,这有助于标识上的信息被游人获取,同时也为繁忙紧张的街道带来难得的幽默感。

图 6-38　德国汉诺威市步行街上的标识牌

(4)利用公共艺术作品提供游乐功能。游戏是人类的本能,也是人类生存的基本需求之一。虽然游戏不是儿童的专利,但儿童、青年人在任何时候都是游戏活动的主力军,通过游戏他们可以释放多余的能量、掌握知识技能、学习交友能力与团队精神,对健康成长有诸多裨益。

图 6-39 是乔治·休格曼的作品,他一改惯用的片状结构,利用横截面为矩形的钢结构弯折出多个相连的圆形。事实上这件作品的造型逻辑更像是将一个纸筒折叠剪裁后拉伸产生的奇特效果。作品的巨大长宽比提供了冒险性游戏所需的足够空间,穿行其间会有奇特的心理感受。从正面可以看出,作者创造的无数个圆环只有首尾两个是完整的,中间的圆都在底部留出了步行通道,充分保障了游人安全,可见独具匠心。

图 6-39 《大地的面庞》

七、基于情感表达的设计

基于情感表达的设计主要是利用幽默的手法进行设计。幽默是欧美公共艺术作品整体上给人留下的最深刻印象之一,通过尺度上的反差(如奥登伯格)、形体上的夸张(如波特罗)及对传统形式逻辑的逆转等多种手段,艺术家能够利用幽默化解快节奏都市生活带给公共空间的紧张。它具体的创意方法有以下几种。

(1)在有限程度上破坏现实秩序,这是实现幽默的最简单的方式。图 6-40 所示为法国巴黎的公共艺术作品。作者采取了前面介绍过的“笔断意连”方法,塑造了人的部分身体,产生了仿佛试图穿墙而过未能成功被卡在墙内的视觉效果。它通过对常识的颠覆而产生出人意料的幽默色彩。

图 6-40　巴黎公共艺术作品

　　(2)通过表现小动物或体态比较夸张的动物实现幽默的方式。如日本著名艺术家薮内佐斗司位于横滨营业公园的作品《小犬步行》(图 6-41)，作者选取了本身就具有可爱特征的小狗为表现对象，依次表现了三种强烈的反差。第一是现实中小动物的无序和作品中的高度秩序间的反差；第二是不可能穿墙而过的现实与作品中不可思议穿墙而过间的反差；第三是小动物的天真、生命感与坚硬、无生气的都市环境间的反差。喜剧色彩由此产生。

图 6-41　《小犬步行》

　　(3)通过表现动物拟人的场景来实现幽默的方式。如由艺术家巴里·弗拉纳甘设计的，位于美国圣路易斯华盛顿大学校园内的《岩石上的思想者》(图 6-42)。兔子一本正经地摆出《思想者》

中的造型,显现出对罗丹经典的大胆颠覆,貌似严肃的形象和兔子在人们心目中较低的地位形成鲜明反差,产生强烈的喜剧效果。

图 6-42　《岩石上的思想者》

（4）通过表现无生命物体拟人的场景来实现幽默的方式。如新西兰克莱斯特彻奇市现代艺术博物馆大厅中的公共艺术作品（图 6-43）,作者用类似儿童搭积木的手法创作出狮子狗的形态。几何形态本身就具有一定的趣味性,作品相对于空间而言,用较大的尺度增强了对比与反差,进一步强化了喜剧效果。

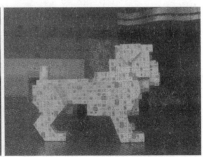

图 6-43

（5）通过对现实物体进行有限的物理破坏来实现幽默感的方式。如位于美国纽约联合国总部门前的这尊《打结的枪》（图 6-44）,将枪管打结以示不能再发射的意愿,完全符合幽默"对现实逻辑进行适当的加工和破坏","表现方式含蓄、意味深长"等定义。

图 6-44　《打结的枪》

（6）通过保持童心，借鉴儿童天真无邪特点表现幽默的方式。如美国著名艺术家亚历山大·利伯曼位于日本箱根雕塑公园中的作品《夏娃》(图 6-45)。作者还是运用自己一贯的圆柱体作为基本造型元素，但是将尺度两极化，使之在形式上接近饮料罐和吸管。这种对现成品的放大运用本身就是幽默感的体现。作者还将其中一个圆柱体表现为被外力撞瘪的形象，既暗合了题意又营造出轻微破坏带来的幽默感。

图 6-45　《夏娃》

（7）通过将两个不同时空的场景布置在一起，通过反差产生幽默的方式。如北京的一件公共艺术作品(图 6-46)，长椅上衣着入时的年轻女郎正在熟练操作笔记本电脑，在长椅背后加上了一位头戴瓜皮帽、身穿长袍、手持折扇的典型前清或民国时期的老者形象。两者强烈的对比令观众马上与文化冲突联系起来，老者既疑惑又好奇的表情进一步加强了喜剧效果。

图 6-46

(8)通过场景设定,邀请观众无意识参与并进而感受幽默感的方式。如北京亚运村的一件公共艺术作品(图 6-47)。作品以相当写实的手法在花坛壁上布置了一个人像,做出倾头交谈状。感兴趣的游人可以坐到旁边,仿佛加入了这场对话,显得妙趣横生。

图 6-47

(9)通过表现人在社会压力下的异化实现形式上的幽默,但在内涵上则传达了反思与批判的态度。如 1993 年落成于洛杉矶的《公司之头》(图 6-48),这件作品表现了一个身穿西服、手提公文包的人一头扎入公司大楼的墙体中去无法自拔的情景。从最基本的层面说,这件作品令人忍俊不禁的效果来自这位公司经理打扮的、所遭受的不幸。它创作的背景是美国 20 世纪 80 年代里根奉行的"供给经济学",放松管制导致金融业无边界扩张,更严重的是这一过程还鼓励了全国范围的商业道德崩溃,甚至有金融大亨公然宣称"贪婪是对的,每个人都应该有一点贪心"。在这种经济环境下,美国中产阶级萎缩、贫富差距迅速拉大。虽然作品创作后不久,美国经济就因为信息技术发展而获得新一轮增长,但2008年始自华尔街席卷全球的金融危机进一步证明了作者的正确判断。

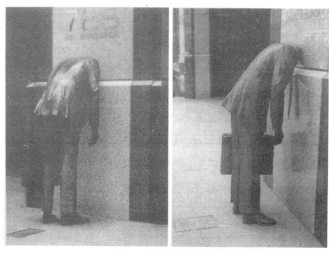

图 6-48　《公司之头》

八、基于人文思考的学习

公共艺术同样能够表达较深刻、严肃的主题,具体的方法有以下几种。

(1)在公共环境中设置描述普通人生活、工作场景的写实性人像作品。小强生是名声显赫的强生企业创始人罗伯特·伍德·强生的孙子,他创作的《开罚单的警官》《清扫工》《老友重逢》和《街头画家》等(图6-49),分布在市中心数百平方米的面积内。这些作品没有丝毫美化、升华,表现了市民的日常生活。

图 6-49　小强生作品

（2）在公共环境中设置表现历史场景的写实性人像作品。如位于天津市杨柳青的公共艺术作品（图 6-50）。作品以乾隆和刘墉为主要表现对象，在形象塑造上抛弃了以往帝王将相雕塑中过于强调威严的手法，转而追求人物形象和细节上的生活化。以一种让市民喜闻乐见的方式将作品"嵌入"开放性的公共环境，既实现了承载历史记忆的要求，又极大地活跃了环境气氛。

图 6-50　杨柳青公共艺术作品

(3)利用写实性的动物形象表现所在地区的历史背景与人文环境。如位于美国得克萨斯州达拉斯市拉斯科列纳斯镇威廉姆斯广场的《野马》(图 6-51),既是世界上最大的马群雕塑,也是运用动物形象来承载地域历史记忆最成功、最令人印象深刻的例子。

作品中硬质铺装的广场被开辟出象征河流的总长 130m 的水体,九匹 1.5 倍于真实尺寸的野马奔腾驰骋,趟过溪流,激起水花,一往无前。马蹄下的水花正是喷头所在位置,这一设计不但大大增强了真实感,还为作品加入带有时代特征的能动性。为了接近大草原的视觉效果,广场上没有按照传统设计层次丰富的景观,游人近距离接触艺术品也没有任何阻碍。这种将环境设计、造型艺术和设施设计融为一体的总体设计思路,顺应了公共艺术的时代潮流。

图 6-51 《野马》

(4)利用人体形象片断表现相对深刻的反思主题。如米托拉吉位于法国巴黎拉德芳斯区国防部大楼前的作品(图 6-52)。这一作品的主体是散发忧郁古典气息的面庞,却在面部和颈部添加了长方形,这似乎是一种离经叛道甚至违背人正常审美规律的做法,但是从形式上看,几何形元素的运用确实更好地与身后的建筑背景结合在一起。

图 6-52

(5)在公共艺术时代,利用传统造型手段诠释如爱、生命等具有永恒性的话题。如亨利·摩尔设计的,位于日本福冈银行门前斜倚的作品与一个更具有永恒性和普世性的主题——母与子结合起来(图 6-53)。通过模仿胎儿在母体内运动的模式,将不同的形体内外相套,在展现空间的丰富变化效果同时颂扬了伟大的母爱。

图 6-53

(6)利用公共艺术时代的崭新创作思维与方法去表现传统的

纪念主题。如由美国雕塑家富兰克林·辛芒士创作的,位于美国华盛顿特区的《海军纪念碑》(图 6-54)。它采取了建筑主体与具象雕塑组合的传统布局,在极高的基座上,象征美国的女神伏在历史女神肩膀哭泣,历史女神神情端庄肃穆,手中的书板上刻着:"他们牺牲了,但他们的国家永生。"基座中段是带有典型希腊特征的胜利女神、海神和战神。

图 6-54 《海军纪念碑》

第三节　公共艺术设计表现

城市公共艺术设计表现是本学科的重要设计表现手段,是一种用来表达设计构思的绘画。设计表现是设计师必备的技能,也是社会对设计师资格审核最为重要的一项,因为这直接体现着设计师的素质级别和能力水平。

一、城市公共艺术设计的表现工具

城市公共艺术的绘画不仅应掌握好各种基本工具的使用,更应该灵活发掘、组合使用,使设计表现前期能够最有效地表达出设计师的思想，最真实地体现出设计意图。总体来说，设计表现的基本工具归类如下。

（一）纸类

素描纸、水彩纸、水粉纸、色纸、卡纸、硫酸纸、绘图纸、拷贝纸等。

（二）笔类

铅笔、钢笔、针管笔、绘图笔、水彩笔、排刷、毛笔（叶筋，勾画植物、纤维等）、尼龙笔（表现结构）、彩色铅笔、鸭嘴笔、喷笔、马克笔等（图 6-55）。

图 6-55　勾线工具（针管笔、铅笔、钢笔、
一次性针管笔、勾线笔）

（三）颜料

水彩、透明色、水粉等（图 6-56）。

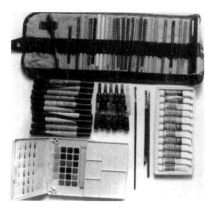

图 6-56　着色工具(彩色铅笔、马克笔、透明水色、水彩、水粉)

(四)辅助绘图工具

直尺、曲线板、蛇尺、靠尺、丁字尺、平行尺、三角板、比例尺、曲线板、模板、量角器、直线规、圆规、分段规、消字板等(图 6-57)。

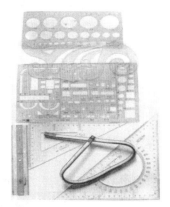

图 6-57　辅助工具(圆形尺、工具尺、字母尺、蛇形尺、三角板)

二、城市公共艺术设计表现技法的作用

城市公共艺术的表现技法是艺术与工程技术相结合的绘画形式,它的功能作用主要有以下几个方面。

(一)表达构想

设计方案阶段对设计平面、立面关系以及剖面关系的分析推敲,可利用一些徒手绘画来表现(图 6-58 至图 6-62)。

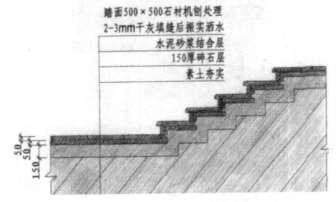

图 6-58　表达构思的踏步节点分析图

图 6-59　表达构思的剖面分析图

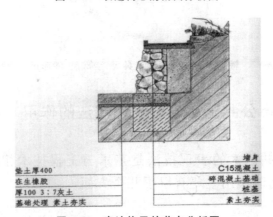

图 6-60　表达构思的节点分析图

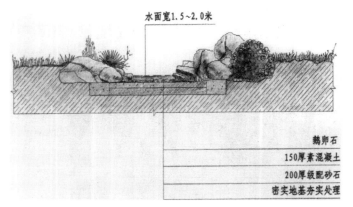

水面宽1.5~2.0米

鹅卵石

150厚素混凝土

200厚级配砂石

密实地基夯实处理

图 6-61 表达构思的剖面分析图

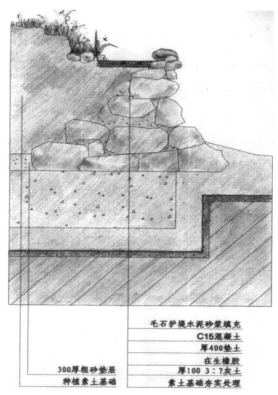

毛石护堤水泥砂浆填充

C15混凝土

厚400垫土

在生橡胶

厚100 3:7灰土

素土基础夯实处理

300厚粗砂垫层

种植素土基础

图 6-62 表达构思的护堤节点分析图

（二）推敲方案

设计构想成熟以后的多视点的方案推敲,要求一定的效果图快速表现能力(图 6-63)。

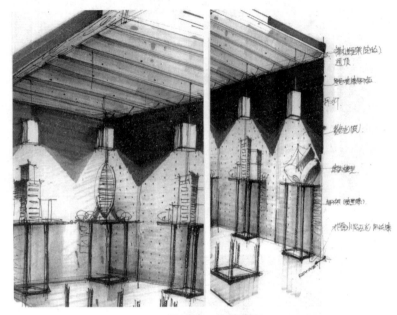

图 6-63　推敲草图

（三）形象展示

　　方案完成以后，为与他人进行交流而形成的图面展示。通常规划、设计、管理部门，建设与实施单位等均要求有未来建成后的真实形象的效果图以供评审与参阅（图 6-64 至图 6-67）。

图 6-64　方案完成后表达真实景象的效果图(一)

图 6-65　方案完成后表达真实景象的效果图（二）

图 6-66　方案完成后表达真实景象的效果图（三）

图 6-67　方案完成后表达真实景象的效果图（四）

三、城市公共艺术设计表现技法的特性

(一)客观性

客观性是城市公共艺术表现的第一大特性。城市公共艺术设计表现的效果必须符合设计环境的客观现实。

空间体量的比例与尺度、空间造型、立面处理、细部表现、配景衬托等方面,都必须符合设计构想的效果与气氛,不能脱离实际的尺寸与关系随心所欲地改变其空间的限定,或者背离客观的设计内容,像一般绘画作品那样去主观地追求画面中的某种"艺术趣味"。

作为城市公共艺术设计表现画来说,应该始终把客观性这个表现特色放在首位,还应比其他设计图纸具有更加明确的说明性,这是由于在城市公共艺术未实施前都是从表现画中去领略城市公共艺术设计的构想与建成后的效果的(图 6-68)。

图 6-68　景墙公共艺术效果图表现出
设计对象的真实性和空间感

（二）科学性

城市公共艺术表现还需具备科学性。为了保证城市公共艺术设计的客观真实性,避免在绘制过程中出现随意更改或曲解建筑的设计立意,故在绘制建筑画中,作画者必须按照科学的态度对待画面中每一个局部与细节的处理。

因此,在城市公共艺术设计画的构图、起稿、正式绘制及对光影、色彩的处理等方面,都必须遵循从透视学、形态学与色彩学的基本规律与规范出发的原则(图 6-69、图 6-70)。

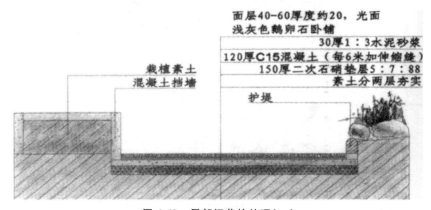

图 6-69　局部细节的处理(一)

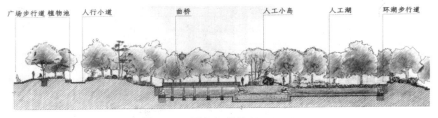

图 6-70　局部细节的处理(二)

（三）艺术性

艺术性涉及城市公共艺术表现的画面构图、透视知识、材料质感与光影表现等多方面因素。针对内外环境空间气氛的营造及构成规律等方面的综合应用,需要在客观与科学的前提下展开艺术创造。除此之外,对建筑最佳表现角度的选择、最佳色彩配置与光影塑造、最佳的环境气氛的营建与画面构图也需要做细致处理,这也是城市公共艺术设计本身的进一步深化与发展(图6-71、图 6-72)。

图 6-71　艺术性体现(一)

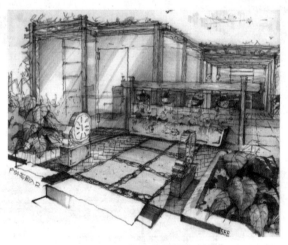

图 6-72　艺术性体现(二)

(四)原创性

原创性主要体现在城市公共艺术设计画与一般绘画写生不同,它不能对照实物去描绘,而只能在不违反空间的前提下,创造性地进行工作。它将二维图纸转化为三维空间想象,再转化到二维平面表现。因此,在进行城市公共艺术设计画练习的过程中应通过对已建成的城市公共艺术写生来培养观察、分析对象的能力,从而提高对空间形象的感受力。

设计图不像艺术绘画可以任意表现,在内容中要简略某些符号,而夸张表示效果也必须依据设计绘图法则,如尺寸大小是不能任意更改的,而整个画面生动效果的控制是与一般绘画原理相通的(图 6-73)。

图 6-73　对公共艺术创作的对象进行分析,提高空间的感知力

四、城市公共艺术设计表现技法的基本类别

针对绘图与绘画两种表现途径,设计表现技法也分为绘图技法与绘画技法,但这两种表现并不是决裂的。一个完整的设计表现需要二者的完美结合。

(一)绘图技法

绘图技法主要用于方案表现和快速表现中。平面绘图中主要包括方案分析图、平面图、立面图、剖面图以及透视表现

（图 6-74至图 6-77）。

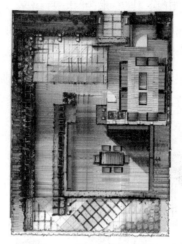

图 6-74　平面定位分析图

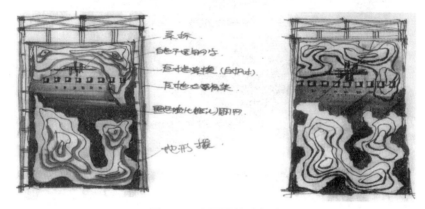

图 6-75　立面及材质索引

图 6-76　剖面分析图

图 6-77 透视效果表现

(二)绘画技法

1.基本构图

公共艺术设计绘画要求画面能吸引观赏者的注意,而吸引力的强弱有赖于构图的好坏以及主题的表现。画面上的主题可以利用副景辅助,使其更加突出。在设计图中,设计师将所设计的城市公共艺术较为精致的部分安排于图面的中心部分,并以较细腻、精致的线条加以描绘。

水平式构图表示安定与力量(图 6-78),垂直式构图令人有严肃、端正的感觉(图 6-79),长方形构图是普遍受人喜爱的,因此施工图、平面图均利用此法让图面均衡分布在画面上。

图 6-78 水平构图

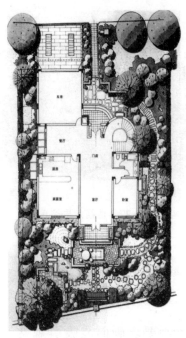

图 6-79　垂直构图

真实的事物是立体的,实物之间有距离、有深度、有空间,而画面是二度空间的平面作业,因此优秀的平面绘制作品要使人看起来具有长、宽、高三度空间,才能将观赏者带入想象的图画空间中。至于深度的感觉必须运用绘图技巧,使观赏者感觉到立体效果。造成画面深度感的方法可分为质感表现法和阴影表现法。在绘图时应注意构图的平衡与图面的立体感、深度感。

通常设计内容的繁简确定画面上的重心比例,绘制时可以利用线条与质地表现法来强调画面的重心,并使得画面保持平衡。

2.水彩画技法

水彩画技法(图 6-80 至图 6-82)总体可划分为干画法与湿画法。干画法是指第一遍色干透后,再上第二遍、第三遍。色彩层层重叠,会产生丰富的画面层次效果,使表现对象明确而深入。绘画时要求笔毫水分滋润,防止色彩干枯,同时要考虑第一遍与第二遍的重叠效果。

相反,湿画法是指在湿润的基底上作画,远景用湿画法可能一遍颜色就画得很好。在实际绘画过程中,最常用的是干湿结合法便于画面空间感的处理。其中技法变化又存在平涂、叠加、退晕、水洗、留白等技巧。

图 6-80　水彩工具

图 6-81　水彩色技法

铅笔确定基础形　　　　　　　　　淡彩确定基础色调

刻画细节

图 6-82　水彩画技法的步骤

3. 透明水色画法

透明水色（图 6-83 至图 6-85）即彩色墨水，其特点是色彩饱和度高、颜色鲜艳、透明度极好。

它的画法与水彩画法相似，先由亮向暗部画，逐渐表现立体感空间感、质感，再多层罩染直到理想效果为止。与此同时，因其不易修改的特性，所以一般多与其他技法混用。在绘画过程中要注意保持纸面的洁净。

图 6-83　透明水色工具

图 6-84　透明水色技法

铅笔确定造型　　　　　　　　　　　钢笔勾画细节

图 6-85　透明水色画法的步骤

确定色块　　　　　　　　　　　　　　着色

图 6-85　透明水色画法的步骤(续)

4.铅笔画技法

　　铅笔画技法(图 6-86 至图 6-88)特征是绘制速度较快从而形成线条、平涂或色点的效果。

图 6-86　铅笔画技法

图 6-87　铅笔确定轮廓关系

图 6-88　炭笔勾画细节

5.水粉画技法

水粉色技法(图 6-89)需要有较强的艺术功底,其表现力很强,又易于修改,但应注意水粉本身的特性,总结其干、湿、厚、薄不同画法所产生的不同效果。

图 6-89 水粉画技法

6.钢笔画技法

钢笔画技法(图 6-90、图 6-91)空间关系表现详尽而充分,主要技法是设计师通过笔尖用力与倾斜技巧熟练地记录并表达设计思路与效果,在制图当中运用广泛,类似于针管笔的使用方法。

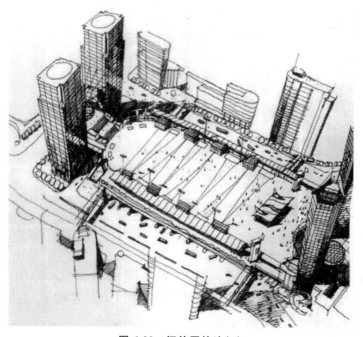

图 6-90 钢笔画技法(1)

图 6-91   钢笔画技法（2）

7.速写技法

从线条上来看,线条的长短是受手指、手腕、肘和肩膀的运动所控制的。

图 6-92 为只运动手指:线条的长度有限。

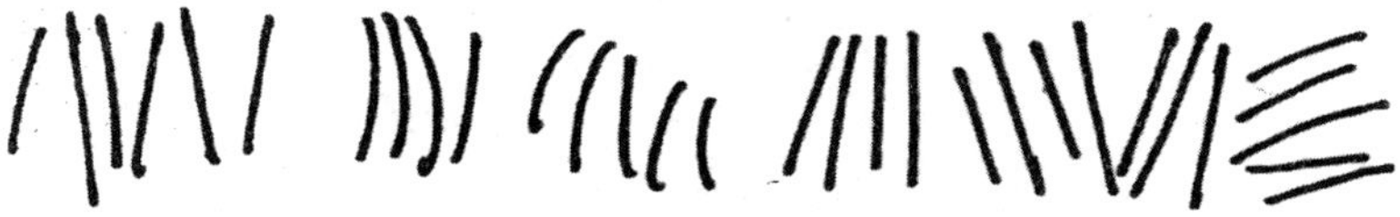

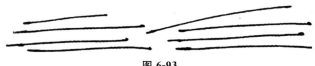

图 6-92

图 6-93 为只运动手腕:注意线条会出现不由自己控制的弯曲。

图 6-93

图 6-94 为只运动肘和肩膀：可以拉伸线条的长度。

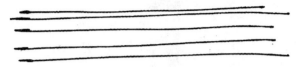

图 6-94

从构图上来看，几何状的外形是构成速写中物体的框架。线条勾勒出外形，然后增加细部的描绘来使其真实（图 6-95）。

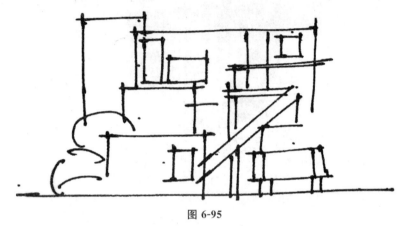

图 6-95

从外形与细节上来看，在创作一幅作品之前首先要考虑和构思好构图，做到心中有数，在接下来的绘图过程中就不会过于盲目（图 6-96）。

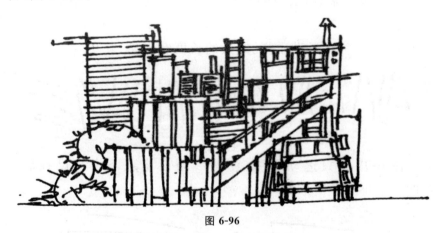

图 6-96

8.马克笔技法

马克笔在快速表现中应用广泛。马克笔技法分为水性和油性两种,绘制中应注意其不易修改性。纸张选择不同绘制的效果也不同,但其绘制的基本原则是由浅至深,逐步深入(图 6-97)。

图 6-97　马克笔技法

9.电脑效果图技法

电脑效果图技法在环境艺术中的使用越来越广泛和深入,在表现大面积的现代材质方面非常出色,所以作为设计的最后效果展示是十分重要的手段。经常使用到的电脑软件有 SketchUp、3DS Max、Photoshop 等。

计算机绘图精准逼真,却不如手绘来得灵活多变,在方案构思阶段更不如手绘那样易于把握灵感,推敲分析,所以电脑绘图与手绘表现应是相辅相成的。它们有效结合才会成为设计师表现思想的利器(图 6-98)。

图 6-98　电脑效果图

参考文献

[1]王岩松.公共艺术设计[M].北京:中国建材工业出版社,2011.

[2]王玥,张天臻.公共空间室内设计[M].北京:化学工业出版社,2014

[3]李蔚,傅彬,姚仲波.公共空间设计与实训[M].西安:西安交通大学出版社,2014

[4]杨清平,李柏山.公共空间设计(第2版)[M].北京:北京大学出版社,2012

[5]王鹤.公共艺术创意设计[M].天津:天津大学出版社,2013

[6]孙皓.公共空间设计[M].武汉:武汉大学出版社,2011

[7]崔勇,杜静芬.艺术设计创意思维[M].北京:清华大学出版社,2013

[8]于晓亮,吴晓淇.公共环境艺术设计[M].杭州:中国美术学院出版社,2006

[9]林振德.公共空间设计[M].广州:岭南美术出版社,2006

[10]谭巍.公共设施设计[M].北京:知识产权出版社,2008

[11]孙明胜.公共艺术教程[M].杭州:浙江人民美术出版社,2008

[12]陈敏.公共环境艺术设计[M].南昌:江西美术出版社,2009

[13]毕留举.城市公共环境设施设计[M].长沙:湖南大学出版社,2010

[14]金彦秀,金百洋.公共艺术设计[M].北京:人民美术出

版社,2010

[15]安秀.公共设施与环境艺术设计[M].北京:建筑工业出版社,2007

[16]曹福存,赵彬彬.景观设计[M].北京:中国轻工业出版社,2014

[17]李建盛.公共艺术与城市文化[M].北京:北京大学出版社,2012

[18]胡天君,景璟.公共艺术设施设计[M].北京:中国建筑工业出版社,2012

[19]何小青.公共艺术与城市空间构建[M].北京:中国建筑工业出版社,2013

[20]王曜,黄雪君,于群.城市公共艺术作品设计[M].北京:化学工业出版社,2015

[21]王鹤.设计与人文:当代公共艺术[M].天津:天津大学出版社,2015

[22]宋书魁.城市雕塑艺术与环境空间的融合[J].设计,2016,(02)